PHP WEB 程序设计

主　编　刘　纯　苟　英　罗　平

副主编　李华平　　陶雪娇　　朱长娥　　陶薇薇

重庆大学出版社

内容提要

本书从初学者角度出发,通过通俗易懂的语言与案例,详细介绍了 PHP 开发技术,以完整的项目实战巩固知识点,任务驱动加强动手能力,配有详细的代码注释。本书共分为 15 章,前 2 章为概述:储备知识与环境配置。第 3 章到第 7 章为基础知识:基本语法、流程控制、字符串、正则表达式,数组。第 8 章到第 9 章为交互:PHP 与表单,与 MySQL 的交互。第 10 章到第 13 章为专项:日期与时间,Cookie 与 Session,图像,文件。第 14 章面向对象。第 15 章项目实战。本书适合作为高等院校相关专业的教材,也适合作为 WEB 开发入门者的自学用书。

图书在版编目(CIP)数据

PHP WEB 程序设计 / 刘纯,苟英,罗平主编. --重

庆:重庆大学出版社,2020.7

软件工程与大数据系列教材

ISBN 978-7-5689-2198-5

Ⅰ.①P… Ⅱ.①刘… ②苟… ③罗… Ⅲ.①网页制

作工具—PHP 语言—程序设计—教材 Ⅳ.①TP393.092.2

中国版本图书馆 CIP 数据核字(2020)第 110018 号

PHP WEB 程序设计

主 编 刘 纯 苟 英 罗 平
副主编 李华平 陶雪娇
朱长娥 陶薇薇
策划编辑:杨粮菊

责任编辑:文 鹏 版式设计:杨粮菊
责任校对:邹 忌 责任印制:张 策

*

重庆大学出版社出版发行
出版人:饶帮华
社址:重庆市沙坪坝区大学城西路 21 号
邮编:401331
电话:(023) 88617190 88617185(中小学)
传真:(023) 88617186 88617166
网址:http://www.cqup.com.cn
邮箱:fxk@ cqup.com.cn (营销中心)
全国新华书店经销
重庆市国丰印务有限责任公司印刷

*

开本:787mm×1092mm 1/16 印张:16.75 字数:421 千
2020 年 7 月第 1 版 2020 年 7 月第 1 次印刷
印数:1—2 000
ISBN 978-7-5689-2198-5 定价:49.00 元

前 言

随着我国信息技术的不断发展，WEB 的应用范围也不断扩大。在网络用户不断增加的基础上，为了提供更好的网页服务，WEB 技术也在不断发展。WEB 技术是互联网界面中广泛应用的一种技术，而 PHP 语言成为目前流行的网站开发语言之一。PHP 凭着速度快、开发成本低、周期短、后期维护费用低、开源产品丰富等优势快速在市场上占领先机，对于初学者来讲，学习 PHP 语言比较容易上手。

本书从初学者角度出发，通过通俗易懂的语言与案例，详细介绍了 PHP 开发技术，以完整的项目实战巩固知识点，任务驱动加强动手能力，配有详细的代码注释。本书共分为 15 章，前两章概述：储备知识与环境配置。第 3 章到第 7 章基础知识：基本语法，流程控制，字符串，正则表达式，数组。第 8 章到第 9 章交互：PHP 与表单交互，PHP 与 MySQL 的交互。第 10 章到第 13 章专项：日期与时间，cookie 与 session，图像，文件。第 14 章主要讲解了面向对象。第 15 章则为项目实战。

本书适合作为高等院校相关专业的教材，也适合作为 WEB 开发入门者的自学用书。

编 者

2020 年 1 月

目录

1

第 1 章
WEB 程序设计概述

本章主要介绍基于 WEB 开发的一些基本知识，为基于 WEB 的 PHP 开发夯实基础。有了 WEB 开发的基本知识，才能够更好地理解 WEB 程序的工作原理，掌握动态网站的开发。

1.1 IP 地址、域名

1.1.1 IP 地址

在 Internet 上所连接的主体既可以是大型的、微型的计算机，也可以是移动端，我们称其为主机。主机之间的通信都需要通过一个唯一的网络地址定位，即 IP 地址，其唯一地标志了 Internet 上所连接的每一个主机，类似于生活中通信时的个人通信地址。

IP 地址的全称是 Internet Protocol Address，译为互联网协议地址，是为网络上每个不同的主机分配的一个逻辑地址，是各个主机在网络上的身份标志，为网络间的通信提供了统一的标准。Internet 上每一位的主机都有唯一的 IP 地址，这个 IP 地址相当于主机的通信地址，数据通信时就通过这个 IP 地址找到收件人。

IP 地址可以分为 IP4 和 IP6 两大类，目前中国主要用的是 IP4。IP4 地址是一个 32 位的二进制数，一般被分为 4 组，每组有 8 位，即每组的状态是 2^8 个，取值为 0~255。

IP 地址 IP4 被分为五大类，分别是 A、B、C、D、E 类。A、B、C 类是在全球范围统一分配的 IP 地址段，而 D 类和 E 类都是特殊的地址。

表 1.1　IP4 地址分类与参数说明

类别	最大网络数	IP 地址范围	单个网段最大主机数	私有 IP 地址范围
A	$126(2^7-2)$	1.0.0.0—127.255.255.255	16777214	10.0.0.0—10.255.255.255
B	$16384(2^{14})$	128.0.0.0—191.255.255.255	65534	172.16.0.0—172.31.255.255
C	$2097152(2^{21})$	192.0.0.0—223.255.255.255	254	192.168.0.0—192.168.255.255

A 类:主机数最少的,第 1 组号码是网络号码,剩下的三组都是主机号码。网络地址的标志长度是 8 位,而主机标志的长度是 24 位,所以 A 类网络地址的数量最少,一共只有 126 个网络。每个 A 类网络所支持的最大主机数是 2^{24}。

B 类:前面两组是网络号码,后面两组是主机号码。网络的标志长都是 16 位,而主机的标志长度也是 16 位,B 类网络地址是中等规模的网络,每个网络所能容纳的计算机数是 2^{16}。

C 类:前面三组是网络号码,最后一组是本机号码,网络标志的长度是 24 位,而主机标志的长度是 8 位,因此 C 类的网络地址数量比较多,有 200 多万个网络,适合于规模比较小的局域网,每个网络最多可以包含 254 台计算机。

1.1.2 子网掩码

子网掩码(subnet mask)又叫网络掩码、地址掩码、子网络遮罩,用于将某个 IP 地址划分成网络地址和主机地址两部分。所以 A 类 IP 地址的子网掩码是 255.0.0.0,B 类 IP 地址的子网掩码是 255.255.0.0,C 类 IP 地址的子网掩码是 255.255.255.0。

1.1.3 域名

域名的全称是 Domain Name,译为域名,是由一串用点作为分隔符的名称所组成的主机名,是 Internet 上某一台主机或者计算机组所用的名称,用于标志在 Internet 上进行数据传输的主机地址。

DNS 全称是 Domain Name System,译为域名系统,它可以将域名和 IP 地址相互映射,方便人们访问。互联网映射之后,人们可以通过域名去访问对应的服务器而不需要去记住服务器的 IP 地址串。

例如 www.cqgcxy.com 就是一个域名。相对应的 IP 地址在内网中是 192.168.0.142,外网 IP 地址是 222.178.152.79。www.baidu.com 也是一个域名,其对应的外网 IP 地址是 14.215. 177.39,我们既可以用 http://www.baidu.com 访问,也可以用 http://202.108.22.5/访问百度。这两个域名当中的 www 都代表的是万维网服务,其全称是 World Wide Web,译为万维网。

域名可以分为顶级域名、二级域名等。顶级域名可以分为通用的顶级域名和国家的顶级域名。以下是常用的域名。

表 1.2 顶级域名列举

类别	域名	说明
通用顶级域名	com	供商业机构使用
	net	原是供网络服务供应商使用,现在并无特别限制
	org	非营利性组织
	edu	原供教育机构使用
	gov	原则上由政府机构使用
	mil	原则上供军事机构使用

续表

类别	域名	说明
国家顶级域名	cn	中国大陆
	uk	英国
	us	美国

【提示】

在做开发的时候往往用本机作为服务器,其域名就是 localhost,对应的 IP 地址就是 127.0.0.1。

1.2　Internet 网络协议

1.2.1　TCP/IP

TCP 全称为 Transmission Control Protocol,译为传输控制协议。

TCP/IP 协议是整个网络通信模型中的基础协议,也是核心协议,是协议家族当中最早采用的标准。TCP/IP 协议提供了网络通信当中端对端、点对点的连接机制。

人们提到的 TCP/IP 协议并不仅仅是 TCP 协议和 IP 协议的合称。Internet 上整个 TCP/IP 协议族根据各个协议的功能和所处网络规范模型,执行的任务可以把 TCP/IP 划分为 4 个层次:网络接口层、网际层、传输层、应用层。每个层各司其职,又相互通信,这个模型就是为了规范各种不同硬件在相同层次下进行相互通信。

1.2.2　HTTP 协议

HTTP 全称为 Hyper Text Transfer Protocol,译为超文本传输协议,是 Internet 上应用最为广泛的网络协议,用于实现 Internet 当中的 WWW 服务,所有的 WWW 文件都必须遵守这一个标准,使用的默认端口是 80。该协议的提出最初就是为了提供一种发布和接收 HTML 页面的方法。HTTPS 是带有安全套接字的超文本传输协议。

端口号:在服务器中对应应用程序端口的编号,用于区分不同的端口,就像我们用不同的门牌号区别不同的学生宿舍。客户端可以通过 IP 地址找到对应的服务器端,但是服务器端有很多的应用程序,每个应用程序对应一个端口号,通过端口号,客户端才能真正地访问到该服务器。

1.2.3　FTP

FTP 全称为 File Transfer Protocol,译为文件传输协议,一般用来上传和下载。FTP 服务器默认的数据端口是 20,控制端口是 21。如果我们在局域网中搭建了一个 FTP 服务器,其 IP 地址在局域网当中是 192.168.1.94,要访问这个 FTP 服务器,可直接在文件夹或者浏览器地址栏输入 ftp://192.168.1.94。默认的端口号不用输入,输入完毕之后我们就可以在 FTP 服务器上进行基本的上传和下载的操作。

还有其他常用的应用层协议,如 telnet 是远程登录服务协议,SMTP 是简单邮件传输协议,用来控制邮件的发送、中转,一般使用的端口号是 25。

1.3　WEB 工作原理

1.3.1　URL 统一资源定位地址

URL 全称为 Uniform Resource Locator,译为统一资源定位符。这是对 Internet 上访问资源或者通信位置的一种简捷表示方法,是因特网中标准资源的地址,互联网上每一个资源、文件都有一个唯一的 URL 地址。这个地址中包含的信息(如域名、文件位置和参数)可以告诉浏览器应该怎么找到它,怎么处理它。

基本 URL 包含协议、域名(或 IP 地址)、路径、文件名,组合语法如下:

协议://IP 地址或域名:端口号/路径/文件名? 传输参数=值

http://www.cqgcxy.com:800/meol/jpk/course/blended_module/index.jsp? courseId=16346,本地址说明如下:

表 1.3　URL 地址字符与说明

地址字符	说明
http	www 文件访问的协议名称
www.cqgcxy.com	学院的域名,此处也可以用 IP 地址代替
800	端口号,表示本次 HTTP 的服务不适用默认端口号 80
meol/jpk/course/blended_module/	本次访问的资源在站点当中相对于站点根目录的位置
index.jsp	访问的动态网页文件名称
? courseId=16346	在访问的时候向页面传递的参数 courseId

1.3.2　绝对地址和相对地址

资源访问的地址可以分为绝对地址和相对地址。

绝对地址表示文件从根目录开始的完整路径,它意味着页面本身所在的位置,当站点位置发生改变,网页资源也就无法访问。

相对地址是以包含资源的站点作为参考描述了资源相对于站点的相对位移路径。一般来说,位于同一服务器上的文件应该使用相对地址,在将站点从本电脑移动到服务器上时,只要每个文件的相对位置没有变化,那么 URL 地址就是有用的,资源依然可以访问。表 1.4 的两个 htm 文件是用绝对地址所描述的。在网站开发的过程当中,最好将其转化为相对地址。

表 1.4　文件绝对地址与相对链接说明

文件地址	相对路径链接说明
D:/PHPWEB/index.htm	本页如果要链接到 01.htm,可以用相对路径 WEB/article/01.htm 或者 ./WEB/article/01.htm
D:/PHPWEB/WEB/article/01.htm	本页如果要链接到 index.htm,可以用相对路径 ../../index.htm

表 1.5 是相对于当前目录的地址字符说明。

表 1.5　相对地址字符与参数说明

地址字符	说明
./	表示当前目录,可以省略
../	表示上一级目录
../../	表示上上级目录,以此类推

1.3.3　C/S 架构

C/S 全称为 Client/Server,译为客户端/服务器模式。

C/S 结构将软件分为客户端和服务器两层。第 1 层是用户表示层,也就是在客户端的系统上面综合了软件的界面以及软件的业务逻辑。第 2 层是数据库层,是服务器通过网络所提供的数据库服务器功能。

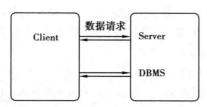

图 1.1　C/S 架构数据交互图

基于 C/S 架构的客户端不光有界面,还会做一些主要的业务逻辑运算。C/S 架构的软件可以合理地利用客户端和服务器端不同的硬件环境合理分配任务,降低服务器端的运行负担,减少两层之间的系统通信开销。

但是 C/S 结构结构需要用户下载客户端安装,每次软件有更新,就需要重新下载新的版本,比如 QQ;因此 C/S 软件服务维护成本高,任意的升级都需要客户端重新下载安装。

1.3.4　B/S 架构

PHP 主要用于 B/S 架构的网站开发。B/S 全称为 Browser/Server,译为浏览器/服务器模式,是三层架构。

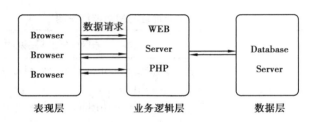

图 1.2　B/S 架构数据交互图

表现层:显示数据,主要用作用户与服务器的交互以及最终的数据显示和输出,可以用浏览器来实现。

业务逻辑层:服务器处理浏览器端传来的数据请求。

数据层:根据业务逻辑层的请求访问数据库,对数据进行增删改查,并将操作结果返回给业务逻辑层。

由于软件的主要业务逻辑是在服务器端实现的,浏览器端只需要接收数据并对数据进行显示,B/S 结构的软件只需要有浏览器,通过正确的 URL 地址即可访问。

B/S 结构软件的优点如下:

(1)不需要特别安装客户端,用浏览器访问正确的 URL 地址就可以访问资源。

(2)可以将软件直接放在 Internet 上,通过一定的用户权限管理实现多客户的访问,其交互性比较强。

(3)不需要升级客户端,每次需要维护和更新版本,只需要在服务器上进行维护和更新即可,而不需要客户进行配合,利于推广,也降低了维护的成本。

但其缺点也比较明显,由于大部分的业务逻辑在服务器端实现,所以服务器的负载比较重,不利于实现一些需要复杂运算的项目。项目开发时可以根据需要进行架构选择。

1.3.5　常用的 WEB 服务器

WEB 服务器也称为 www 服务器,它主要是为 Internet 上面的 HTTP 访问提供网上信息浏览服务,也为多媒体提供信息查询,可以向发出请求的浏览器端提供文档,当 Internet 上的主机浏览器发出了通信请求时才会做出响应。

常用的 WEB 服务器有 IIS 和 Apache。

IIS 是由 Microsoft 提供的服务器,全称为 Internet Information Services。其中包含了常用的 WEB 服务的组件,比如 HTTP 服务、FTP 服务、SMTLP 服务器 ntp 服务器分别用于网页浏览、文件传输、邮件发送和新闻服务等方面。

Apache 是一款源代码开放跨平台的 WEB 服务器,它可以在 Windows、Unix 等常用的操作系统上运行,可移植性强,因此是目前世界上使用最多的 WEB 服务器。

1.4　动态网页开发技术简介

1.4.1　静态网站

静态网站是路由静态网页所组成的网站,网页上的内容是都是由静态化的页面和代码组成,其文件名后缀一般都是 htm 或 html。静态网页每一个页面都有一个固定的资源地址,静态网站发布到服务器上,无论是否被访问,它都是一个独立存在的文件,其内容稳定,所有包含的内容包括文字、图片、动画都是由程序员事先已经设计好并且插入完毕,没有动态生成的代码,因此搜索引擎检索容易,有利于搜索引擎优化。同时也因为不经过访问读取数据库,所以静态网页的访问速度很快。

但是因为没有数据库的支持,静态网站所有的数据都是静态的数据,因此网站内容的更新和维护工作成本比较高。静态网站的交互性能差,无法根据用户的输入进行实时反馈,在网站的功能上有较大限制。

1.4.2　动态网站

动态网站使用了动态网站的开发语言(如 ASP、JSP、PHP 等语言)进行了数据库的连接,由数据库提供数据,需要访问的时候根据 URL 地址所提供的参数动态生成数据信息,因此动态网站具有以下特点:

(1)动态网站的数据是存储在数据库当中,因此网站的维护成本低。

(2)动态网页是根据用户的请求参数由 WEB 服务器动态生成的,因此只有当用户产生访问请求的时候,WEB 服务器才会返回对应的服务页面。

(3)动态网站技术可以实现更多的交互功能,比如搜集用户的信息,实现用户登录、注册、购物,对用户信息进行管理,比如用户管理、订单管理等功能。

(4)由于动态网站的数据本来源于数据库,因此不需要制作大量的页面,只需要根据用户访问请求时所提供的参数动态生成就可以,在制作网页的时候成本较低,也避免了很多的不必要的页面。

(5)由于动态网站的页面实际上是动态生成的,它并不是独立存在于服务器上,因此在搜索引擎搜索的时候不可能从数据库当中去访问到全部的网页数据,很多的搜索引擎抓取不到网址当中的参数及内容,因此,动态网站在做搜索引擎优化和推广的时候,需要做一定的技术处理,才能使得动态网站对搜索引擎友好。

1.4.3　常用的动态网站开发技术

静态网站和动态网站各有特点,通常很少有网站是只采用静态或者采用动态。如果网站的内容功能比较简单,内容较少更新,可以采用纯静态的网站形式;如果信息量比较大,而且更新比较频繁,就应该采用动态的完整技术,但是这两者并不矛盾,动态网站为了进行搜索引擎优化,进行网站的推广也可能将动态网站的内容转化为静态网页进行发布。

因此动态网站可以根据需要结合进行动静结合,当需要用动态网站的时候就用动态网页,当需要用静态网页的时候就可以将动态网页转换为伪静态,让动态和静态的内容同时存在。

1.4.4　PHP 动态网站工作原理

(1)用户用浏览器发送访问请求或是交互请求;

(2)WEB 服务器接收到用户请求,如果请求当中有 PHP 动态代码,会将动态代码交由

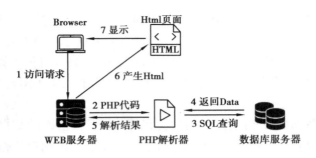

图 1.3　动态网站工作原理图

PHP 解析器进行解析；

（3）PHP 解析器在解析 PHP 代码的过程当中，如果存在 SQL 查询，会连接数据库，将 SQL 查询交由数据库服务器执行；

（4）数据库服务器执行完 SQL 查询之后将查询结果返回给 PHP 解析器；

（5）PHP 解析器接收到数据之后，执行完 PHP 代码，将动态代码执行结果返回给 WEB 服务器；

（6）WEB 服务器将执行结果的 Html 代码传递给浏览器；

（7）浏览器将 Html 页面效果显示给用户。

本章小结

本章主要介绍了基于 WEB 开发的一些基本概念，如 IP 地址、域名、Internet 协议、URL 地址、B/S 架构、C/S 架构、WEB 服务器、动态网站、静态网站等，为后续的开发夯实理论基础。

练习

1.简述 IP 地址的作用。

2.简述 URL 地址的构成。

3.简述 C/S 架构和 B/S 架构的区别。

4.简述 PHP 动态网站的工作原理。

第2章
开发环境搭建与配置

2.1 什么是 PHP

PHP 的全称是 Hypertext Preprocessor,即超文本预处理器,是一种基于服务器端、跨多平台、可嵌入 Html 的脚本语言。PHP 语言综合了 Perl 语言、C 语言、Java 语言的特点,是一种开源的、用途广泛的脚本语言,尤其适合用于 Web 开发。

2.1.1 PHP 发展

早在 1995 年,Rasmus Lerdorf 创建 PHP/FI,最初用来跟踪访问他主页的访客信息,是简单的 Perl 脚本。随着更多功能需求的增加,Rasmus 用 C 语言扩展了更多功能,如可以访问数据库,可以让用户开发简单动态 Web 程序的功能,并发布了源代码,以便每个人都可以使用,可以修正 Bug 并且改进其源代码。

1997 年,PHP 3.0 的第一个 alpha 版本的发布,这是类似于当今 PHP 语法结构的第一个版本,是经过 Andi,Rasmus 和 Zeev 共同努力,联合发布的。

不久,Andi Gutmans 和 Zeev Suraski 开始重新编写 PHP 代码,被称为"Zend Engine"(这是 Zeev 和 Andi 的缩写)的引擎,并在 1999 年中期首次引入 PHP。其增强了复杂程序运行时的性能和 PHP 自身代码的模块性,也包含了其他一些关键功能,比如:支持更多的 Web 服务器;更安全地处理用户输入的方法;加入一些新的语言结构。

PHP 5 在长时间的开发及多个预发布版本后,于 2004 年 7 月发布正式版本。它的核心是 Zend 引擎 2 代,引入了新的对象模型和大量新功能。

2015 年发布的版本是 PHP7。PHP7 比 PHP5.6 在性能和功能上得到了全面的提升,如运行效率提升了两倍,且全面支持 64 位,除此之外,PHP7 还有其他很多其他功能上的突破。

PHP 的开发小组有很多优秀的开发人员,同时还有大量的优秀人才在进行 PHP 相关工程的开发工作。

2.1.2　PHP 语言的特征

1) 开源性和免费性

由于 PHP 的解释器源代码是公开的,所以对安全要求较高的网站可以自行更改 PHP 的解释程序。PHP 运行环境也是免费的。

2) 快捷性

PHP 是非常容易学习和使用的一门语言,它的语法特点类似于 C 语言,但又没有 C 语言复杂的地址操作,再加上其具有简洁的语法规则,所以 PHP 操作编辑非常简单,实用性很强。

3) 兼容性

PHP 可以与很多主流的数据库建立起连接,如 MySQL、ODBC、Oracle 等,PHP 可以利用编译的不同函数与这些数据库建立连接。

4) 面向过程和面向对象并用

在 PHP 语言的使用中,可以分别使用面向过程和面向对象,也可以一起混用。

5) 跨平台

PHP 语言支持多操作系统,如 Linux,Unix,Windows,也支持多 WEB 服务器,如 IIS,Apache,Nginx 等。

6) 流行

PHP 是目前最流行的编程语言之一,它驱动超过 2 亿多个网站,全球超过 81.7% 的公共网站在服务器端采用 PHP。PHP 常用的数据结构都已内置,使用起来方便简单,表达能力相当灵活。

7) 未来可期

PHP 在不断与时俱进,兼顾高性能和当下流行的框架,不断提供更高性能的应用。

2.1.3　扩展库

扩展库是 PHP 扩展的功能,比如 PHP 本来不支持操作某种功能,但在新版本想对它提供支持,就以扩展的方式来提供。这样,我们在配置 PHP 时,可以根据需要决定是否加载此功能,从而提高性能。PHP 的扩展库一般放在安装目录下的 ext 目录里,通过 extension_dir 来指定;当需要加载该扩展库时,可以将 ;extension = "xxxxxx.dll" 前面的";"去掉。

【例 2.1】

```
;extension=PHP_gd2.dll //PHP 对图片操作的扩展
    //要让 PHP 支持对图片操作功能,就把 extension 前面的";"号去掉,重启 WEB 服务器即可。
```

2.2　PHP 环境搭建

2.2.1　wampserver 安装

wamp 是一个缩写，指的是在 windows 下配置 PHP 开发环境的软件组合，取首字母形成 wamp，其中包括 windows 操作系统，apache 网页服务器，MySQL 数据库管理系统，PHP 脚本语言。

同理，lamp 指的是在 Linux 下配置 PHP 开发环境的软件组合。

（1）LAMP：Linux + Apache + MySQL + PHP。

（2）WAMP：Windows + Apache + MySQL + PHP。

wampserver 将 apache，mysql，PHP 的安装过程一并做好了配置，还加上了 PHPmyadmin，安装过程简单，大部分配置自动完成，开发过程中的配置管理也很方便。具体安装与配置步骤如下：

（1）打开 http://www.wampserver.com 网址，在右上角将语言切换为 English，点击导航栏的 downloads，可以看到 wampserver 安装包的选项。

图 2.1　wampserver 下载站点

（2）点击进入进行下载，选择与自己电脑匹配的版本下载，也可以在素材→软件中找到提供的 wampserver 软件，是适用于 64 位操作系统的 3.04 版本。安装 wampserver 之前，需要安装 VisualC++的运行库，也可在素材→软件中找到 64 位版本。

图 2.2　VisualC++的运行时库安装界面

（3）双击下载的 wampserver 进行安装,根据提示查看并勾选许可协议,然后一步步进行安装路径设置,基本保持默认即可进行安装。

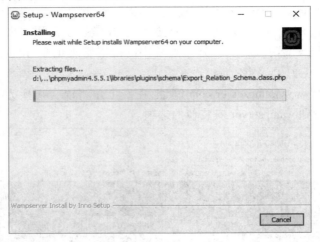

图 2.3　wampserver 设置完后的安装界面

（4）安装进度条走完后,下一步需要选择默认的浏览工具,可以先安装 google chrome,方便在开发过程中对代码进行调试,若不设置可以选择"否"。

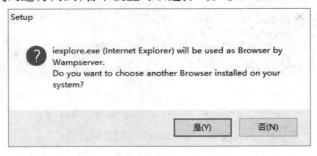

图 2.4　选择默认的浏览工具

（5）选择默认的编辑工具,如有中意的编辑工具,可以选择,没有则可以选"否"跳过。

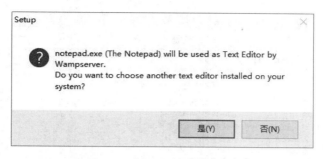

图 2.5　选择默认的编辑工具

（6）安装成功后，可以在程序菜单里面找到新安装的 wampserver 进行启动。启动后，右下角的快捷启动栏会有程序图标，图标有三种状态，红色表示未启动，黄色表示启动遇阻，apache 默认的 80 端口被占用，绿色表示启动成功。wampserver 启动成功后，会有 http 以及 mysqld 的进程运行。

（7）更换提示语言，wampserver 的默认菜单是 english 的，若要更换为中文，可以右键单击程序图标，选择 language→chinese，更换提示语言为中文。

（8）配置主目录：wampserver 安装启动成功后，可以用 http://localhost 访问 www 根目录，默认会执行目录下的 index 网页文件，如图 2.6 所示。

图 2.6　安装成功后显示 www 路径

如果没有 index 或 default 等默认的网页主文件，浏览器地址栏输入 http://localhost 就会显示该路径的目录信息。该目录可以通过左键单击程序图标，进入 www 目录打开查看。

如果需要修改 www 目录地址，可以打开 wampserver 安装目录进行如下操作。

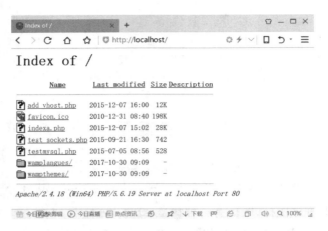

图 2.7　www 目录下没有 index 等默认的网页主文件

【例 2.2】

```
//用记事本打开 script->config.inc.PHP,
//找到$wwwDir=$c_installDir.'/www ',改为目标地址
$wwwDir=' D:\tpweb ';
//左键单击程序图标→apache→httpd.conf 配置文件
//找到 DocumentRoot "D:/wampnew64/wamp64/www",把路径改为目标地址
DocumentRoot "D:/tpweb"
//把下面一行的<Directory "D:/wampnew64/wamp64/www/">路径也改为目标地址
<Directory "D:/tpweb/">
//对有些版本的 wampserver 还需要对 httpd-vhost.conf 做同样的修改
```

左键单击程序图标,重新启动所有服务,即可看到 www 目录已经修改成功。

图 2.8　访问修改后的 www 目录

【注意】

Windows 下表示路径的"\"在此应该设为"/";在 wampserver 中修改完配置文件之后需要重启服务器才能生效。

(9) wampserver 的虚拟目录。如果一个站点不够用,可以为网站配置虚拟目录,wampserver 配置虚拟目录很简单,设置步骤如下:

【例 2.3】

```
//左键单击程序图标→apache→alias 目录→添加一个 alias,
//在打开的命令提示框输入 url
http://localhost/helloworld/
//继续根据提示输入目录
D:/tpweb/helloworld/
```

虚拟目录设置成功,不用重启服务器,即可访问。

图 2.9 访问虚拟目录 helloword

（10）MySQL 控制台。wampserver 的数据库操作可以用命令,也可以用可视化界面 PHPmyadmin。左键单击程序图标→mysql→mysql 控制台,可以打开 MySQL 数据库的命令窗口,默认密码为空,在这里可以用命令进行数据库操作。

（11）PHPmyadmin。PHPmyadmin 是对 mysql 的可视化用户界面,能够对数据库进行界面化管理,登录默认用户名为 root,密码为空,可以通过界面的常规设置→修改密码对密码进行修改,这里修改的是 mysql 的密码。

若要修改 PHPmyadmin 与 mysql 的通信密码,需要以记事本打开安装目录→apps \ PHPmyadmin4.5.5.1（根据软件版本不同,目录名会不同）→config.inc.PHP,找到 $cfg [' Servers '][$i][' password '] = '',在引号中输入新的密码,即修改成功。

2.2.2 PHPstorm 安装

PHPstorm 运行需要配置 jre。

（1）下载 java 虚拟机,也可以在素材→软件中找到,根据提示安装好后在我的电脑（右键）→高级设置设置→系统属性→环境变量进行设置。

【例 2.4】

```
//新建 JAVA_HOME,设置其值为 jre 的路径
JAVA_HOME:D:\Program Files（x86）\java
//新建,设置其值
CLASSPATH:.;%JAVA_HOME%\lib\dt.jar;%JAVA_HOME\lib\tools.jar
```

（2）下载 PHPstorm 的安装包,也可以在素材→软件→PHPstorm 中找到安装包,双击安装,根据提示选择安装选项,并激活软件,激活步骤可见素材→软件→PHPstorm→安装破解步

15

骤.doc。

（3）激活完成后双击打开程序图标，创建一个新的项目并选择 helloworld 虚拟目录建立一个空的项目。

图 2.10　建立一个 PHP 空项目

（4）选择默认的解释器，单击图 2.11 中 interpreter 右侧的省略号，选择安装目录下选用版本的 PHP 程序。在图 2.12 所示的设置窗口中设置，在 1 的位置点+，然后在 2 的位置设置为 PHP 的安装路径。单击"OK"即设置成功解释器。

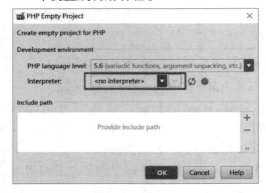

图 2.11　配置 PHP 解释器

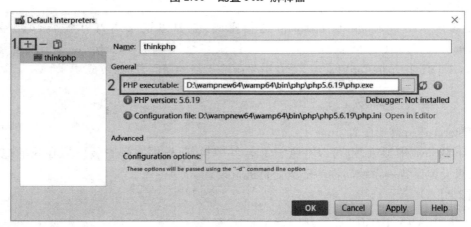

图 2.12　选择 PHP 安装目录

（5）部署服务器：打开 file→settings，选择图 2.13 中 2 处 build，execution，deployment→deploy ment，点击 3 处+号添加一个服务器，4 处 name 自行命名设置，5 处 type 选择 in place，6 处服务器根目录选择第 3 之前创建的虚拟目录地址。

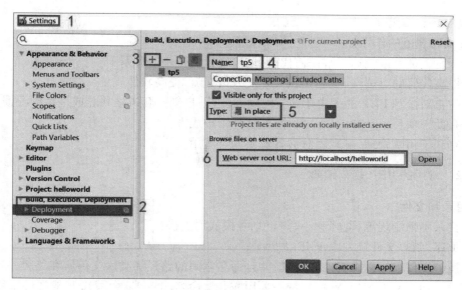

图 2.13　设置服务器 url 地址

（6）部署完成后，可以在项目中新建一个 index.PHP，输入打印语句。可以点击如图右侧中部的浏览器列表进行预览。

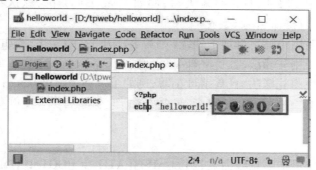

图 2.14　设置主页测试 PHPstorm 的配置

2.3　编码规范

在进行 PHP 软件开发的时候，应该尽量进行编码规范，防止项目组各有各的编码风格，造成可读性不高，也让团队协作更有效率。有统一的编码规范，可以让程序员尽快适应新的项目，了解代码，理解程序。

2.3.1　规范编码的必要性

大多数的项目开发是团队协作，如果每一个人都用自己的编码书写和命名规范，团队之间的协作就会很成问题，代码可读性差，项目的二次开发与移植也困难重重。

编码规范是相关领域众多开发工程师们长期的经验积累的编程风格，好的编程风格可以在团队协作、二次开发、项目移植时节省效率，提高代码的可读性，因此，大家在学习 PHP 之初就养成良好的编码规范是很有必要的。

良好编码规范的作用如下：

（1）开发人员可以快速了解任何代码，理顺项目各模块的关系。

（2）提高代码的可读性，有利于相关开发人员交流，提高软件质量。

（3）防止新接触 PHP 的人出于节省时间的需要，自创一套风格并养成终生的习惯。

（4）有助于项目维护和二次开发，降低软件维护成本。

（5）有利于团队管理，实现团队后备资源的可重用。

2.3.2　常用的 PHP 规范编码

1）目录和文件

（1）目录不强制规范，驼峰和小写+下划线模式均支持；

（2）类库、函数文件统一以 .PHP 为后缀；

（3）类的文件名均以命名空间定义，并且命名空间的路径和类库文件所在路径一致；

（4）类名和类文件名保持一致，统一采用驼峰法命名（首字母大写），其他文件采用小写+下划线命名；

2）函数和类、属性命名

（1）类的命名采用驼峰法，且首字母大写，例如 User、UserType，默认不需要添加后缀，例如 UserController 应该直接命名为 User；

（2）函数的命名使用小写字母加下划线（小写字母开头）的方式，例如 get_client_ip；

（3）方法的命名使用驼峰法，且首字母小写，例如 getUserName；

（4）属性的命名使用驼峰法，且首字母小写，例如 tableName、instance；

（5）以双下划线"____"打头的函数或方法作为魔法方法，例如 ____call 和 ____autoload '。

3）常量和配置

（1）常量以大写字母加下划线命名，例如 APP_PATH 和 ROOT_PATH；

（2）配置参数以小写字母加下划线命名，例如 url_route_on 和 url_convert。

4）数据表和字段

数据表和字段采用小写加下划线方式命名，并注意字段名不要以下划线开头，例如 tb_user 表和 user_name 字段，不建议使用驼峰和中文作为数据表字段命名。

5）数据表和字段

程序开发中难免需要对代码进行解释，或备注说明，或调试性提示，应当以注释的形式进行添加，添加注释，单行用//，多行用/＊＊/，需要调试或实验的代码可以添加 debug 字样，需要说明的可以加 statement 字样，方便在程序发布或调试时统一进行代码检查，如//debug。

6）应用类库命名空间规范

应用类库的根命名空间统一为 app，也可以设置 app_namespace 配置参数更改，例如 app\index\controller\Index 和 app\index\model\User。

【注意】

请避免使用 PHP 保留字作为常量、类名和方法名，以及命名空间的命名，否则会造成系统错误。

2.4　PHP 常用开发工具

PHP 开发工具很多,如有功能强大的集成开发工具 NetBeans、PHPStrorm,它们都支持众多的主流 PHP 开发框架,如 laravel、Smarty、Yii、ThinkPHP 等。还有一些轻量级、功能丰富并且支持多平台的编辑器,如 SublimeText、Notepad++等。

2.5　常用学习资源

初学者可以通过网络上丰富的学习资源参考学习,如 PHP 相关的资讯与技术网站,PHP 的参考手册。

表 2.1　PHP 参考网站

网站名称	网址	资源说明
PHP 官网	http://www.PHP.net	了解 PHP 权威信息
PHP 中文社区	http://www.PHPchina.com/	PHP 技术学习与交流
PHP 开源社区	http://www.oschina.net/project/lang/22/PHP	了解各种开源项目
A5 源码	http://www.admin5.com/PHP/	下载 PHP 源代码,类似的还有源码之家等网站
PHP 中文网	http://www.PHP.cn/	提供大量 PHP 初学教程
PHP100 中文网	http://www.PHP100.com/	提供大量 PHP 学习资源

PHP 函数库非常丰富,有成千上万个之多,各种细节甚多,没有必要也难以记忆。对于初学者而言,下载 PHP 官方手册,非常重要,当然也可以访问官网 http://PHP.net,在线查询 PHP 各种参考资料。

本章小结

本章主要介绍了 PHP 语言的发展和特点,开发环境的安装与配置,PHP 开发时常用的开发工具与学习资源,常用的编码规范等,为后续的 PHP 开发做好环境与规范准备。

练 习

1.要配置 apache 的 PHP 环境,只需修改(　　　)。

  A. PHP.ini　　　　B. http.conf　　　　C. PHP.sys　　　　D. PHP.exe

2.PHP 是一种什么型的语言?(　　　)

  A.编译型　　　　B.解释型　　　　C.两者都是　　　　D.两者都不是

第 **3** 章
PHP 基本语法

3.1 PHP 标识符

什么是标识符？我们把包裹 PHP 代码的符号,称作标识符。PHP 的标识符有四种。

第一种,也是最常见,最标准,最推荐的:<?php .....?>。

【例 3.1】PHP 标识符示例。

```
<?php
phpinfo( ) ;
# php code...
```

第二种,类似于 JavaScript 标签客户端脚本(不常见):< script language = " php" >...
</ script>。

【例 3.2】PHP 标识符示例二。

```
<script language = " php" >
phpinfo( ) ;
# php code
</script>
```

第三种,短风格:<? ....?>。

需要在 php 配置文件中去修改:

```
short_open_tag = on;
```

【例 3.3】PHP 标识符示例三。

```
<?
phpinfo( );
# php code
?>
```

第四种:<% ... %> 同样需要在 php.ini 的文件中去修改:

```
asp_open_tag = on;
```

【例 3.4】PHP 标识符示例四。

```
<%
phpinfo( );
# php code
%>
```

【注意】

对于只含有 PHP 代码的文件,结束标记"?>"是不允许存在的,因为 PHP 自身不需要"?>";注意每次修改了配置文件,一定要重启 Apache 服务。

3.2　注释

一个有着良好习惯的编程者是离不开注释的。注释是非常重要的,在后期需要对代码做调整的时候,如果程序没有注释,哪怕是编程者自己写的代码,在一周不看的情况下,也得花费大量的时间去重新读一遍代码,然后再修改。使用注释,则可在代码关键地方备注上信息,方便以后再次修改。

示例:

```
$container = [ ];
    // 数据处理
    foreach ($node_info as $key => $value){
      $node = [
        'rc_path_id '    => $value[' path_id '],// 节点 id
        'rc_port_name '    => $value[' path_name_cn '],// 港口名
        'rc_vessel_name '   => $value[' vessel_name '],// 船名
        'rc_vessel_match '   => $value[' vessel_match '],// 匹配船名
        'rc_voy '      => $value[' voy '],// 航次
        'rc_path_status '   => $value[' path_status '],// 节点状态
        'rc_unload_time '   => '',// 卸船时间
        'rc_load_time '    => '',// 装船时间
```

```
        ' re_arr_time '    => '',// 到港时间
        ' re_dep_time '    => '',// 离港时间
        ' re_path_type '    => '',// 配载
        ' re_wharf_type '    => '',// 码放
        ' re_arrival_report '    => '',// 运抵
        ' re_customs_type '    => '',// 海放
        ' re_customs_time '    => '',// 海放
    ];
```

在数组中 key 过于多,如果时间长了之后,不管编程者多么资深,也必定不会知晓部分的 key 代表什么意思。

PHP 常见的注释符有单行注释和多行注释两种。

3.2.1　PHP 单行注释"//"和"#":

【例 3.5】PHP 单行注释。

```
<?php
echo "hello word!";
// 输出
// 时间:XXXX-XX-XX
# 也可以实现单行注释
```

3.2.2　PHP 多行注释"/ * … * /"

【例 3.6】PHP 多行注释。

```
<?php
/ **
 * @ TODO 将时间错转换成 date 格式的日期
 * @ param $ time int 需要转换成 date 的时间戳
 * @ return string date 时间 示例输出 2019-11-19   14:29:30
 * @ throws PHP Fatal error
 * @ author user
 * @ time 2019-11-19
 */
function getDateByTime( $ time = 0)
{
  return date( "Y-m-d H:s:i", $ time? $ time: time( ) );
}
echo getDateByTime( );
```

3.3　常　量

在 PHP 中,常量类似变量,但是常量一旦被定义就无法更改或撤销定义。常量的特性有:

(1)常量是单个值的标识符,一旦定义就不能更改。

(2)有效的常量名以字符或下划线开头(常量不需要$符开头)。

(3)作用域贯穿了脚本全局。

(4)默认大小写敏感。

(5)传统上常量标识符总是大写的。

(6)常量可以理解为一项规则,在当前作用域中,一旦定义了这个规则(常量),整个程序都会有效。

3.3.1　常量定义

PHP 提供了 define 函数和 const 关键字来帮助开发者定义一个常量。

常量名和其他任何 PHP 标签遵循同样的命名规则。合法的常量名以字母或下划线开始,后面跟着任何字母、数字或下划线。

define——定义一个常量。

语法:

define（string $name, mixed $value［, bool $case_insensitive = false］）: bool

参数:

$name——定义的常量名。

$value——常量名对定的值。

$case_insensitive——大小写是否敏感。默认是大小写敏感的。CONSTANT 和 Constant 代表了不同的值。

返回值:

成功时返回 TRUE,或者在失败时返回 FALSE。

使用 const 关键字来定义一个常量。

语法:

const string $name = mixed $value

参数:

$name——定义的常量名。

$value——常量名的值。

【例3.7】定义 PHP 常量。

```php
<?php
//尝试使用 define 定义一个常量
define("VERSION","1.0.1");
define("APP_NAME","PHP");
//尝试使用 const 定义一个常量
const AUTHOR = "Admin";
const CREATED_AT = "2019-11-19";
//输出常量
echo VERSION.PHP_EOL;
echo APP_NAME.PHP_EOL;
echo AUTHOR.PHP_EOL;
echo CREATED_AT.PHP_EOL;
```

输出：

```
1.0.1
PHP
Admin
2019-11-19
```

两者都可以定义常量，那两者的区别在哪里呢？

const 是一个语言结构体，而 define 是一个函数，可以通过第三个参数来指定大小写敏感。const 简单易读，编译时要比 define 快很多。

const 可在类中使用，用于类成员常量定义，定义后不可修改，而 define 不能。

const 是在编译时定义，因此必须处于最顶端的作用区域，不能在函数，循环及 if 条件中使用。而 define 是函数，也就是能调用函数的地方都可以使用。

const 定义的常量只能是静态常量，define 可以是任意表达式。

3.3.2　预定义常量

在 PHP 中，我们把 PHP 内置定义好的常量称为预定义常量。这些预定义常量可以跨脚本使用，全局有效。

常见的预定义常量有：

____ FILE ____：当前 PHP 脚本文件的绝对路径。

____ LINE ____：当前代码所在行数。

____ DIR ____：当前 PHP 脚本所在目录。

____ NAMESPACE ____：当前 PHP 类的命名空间。

PHP_VERSION：当前执行 PHP 程序的版本。

NULL：对应空值(null)。

【例3.8】预定义常量使用。

```php
<?php
namespace App;
// 【例3.8】预定义常量示例使用。
echo ____FILE____ . PHP_EOL;
echo ____LINE____ . PHP_EOL;
echo ____DIR____ . PHP_EOL;
echo ____NAMESPACE____ . PHP_EOL;
echo PHP_VERSION . PHP_EOL;
var_dump(NULL);
```

结果：

```
/home/case-3/3-8.php
6
/home/case-3
App
7.2.4-1+b1
NULL
```

3.4　变量

变量来源于数学，在计算机语言中能储存计算结果或能表示值抽象概念。变量可以通过变量名访问。也就是说，变量是来存储值的。例如给 a 赋值为 10，那么我们在之后的程序中想得到 10 的值，就只需要访问 a 就行，而这个 a 就是值为 10 的变量。

3.4.1　变量定义

在 PHP 中，用一个美元符号($)后面跟合法的变量名来声明一个变量。变量名是区分大小写的。一个合法的变量名由字母或者下划线开头，后面跟上任意数量的字母，数字，或者下划线。

【例 3.9】变量的定义。

```php
<?php
//合法的变量名
$_user = ' abc ';
$U98 = ' 2113 ';
//不合法的变量名
$2udfd = ' asdsa ';
```

3.4.2　可变变量

什么是可变变量? 从字面意思去理解,就是可以变化的变量。在 PHP 中,可变变量的声明和变量是十分类似的。可变变量名是变量的值,它的声明同样满足 PHP 合法变量名的规则,需以一个美元符号($)后面跟一个变量名,其中变量名的值必须是一个合法的变量名。

【例 3.10】可变变量的定义。

```php
<?php
//$_user 的值必须是一个合法的变量名
$_user = ' abc ';
$$_user = "hello word!";
echo $abc;
//不合法的可变变量 虽然能声明到但是不能访问取值
$_user = ' 0abc ';
$$_user = "hello word!";
echo $0abc;
var_dump($GLOBALS);
```

结果:

```
hello word!
PHP Parse error: syntax error, unexpected ' 0 ' (T_LNUMBER), expecting variable (T_
VARIABLE) or ' { ' or '$'....
```

打印了 $GLOBALS 变量,获取当前脚本定义的所有变量发现:

```
.....
["GLOBALS"] =>
  * RECURSION *
  ["_user"] =>
  string(4) "0abc"
  ["abc"] =>
  string(11) "hello word!"
  ["0abc"] =>
  string(11) "hello word!"
}
["_user"] =>
string(4) "0abc"
["abc"] =>
```

```
string(11) "hello word!"
["0abc"] =>
string(11) "hello word!"
}
```

虽然是定义了$0abc 这个变量,但是这个变量不能被访问,也是 PHP 变量规则不允许的、不被认可的变量名,所以报错。

3.4.3 变量的作用域

变量并不同于常量,一旦定义,它的值可以随意被修改,后面的值会覆盖前面变量的值。变量有局部变量和全局变量之分,即作用域不同。局部变量只在当前函数体、当前脚本有效,而全局变量则是在当前脚本、当前脚本的函数体内均可以被访问。

【例 3.11】变量的作用域。

```php
<?php
// 定义一个变量
$foo = "123abc";
function foo() {
    echo $foo.PHP_EOL; // 在函数体里面输出外面定义的$foo
    $a = "456def";
    global $c;
    $c = "global,,";
}
foo(); // 调用函数
//尝试输出上面定义的所有变量
echo $foo.PHP_EOL;
echo $a.PHP_EOL;
echo $c.PHP_EOL;
```

结果:

```
PHP Notice:Undefined variable:foo .....
123abc
PHP Notice:Undefined variable:a ......
global,,
```

在函数 foo 里是无法访问外面定义的$foo 变量的,在函数体里,访问的变量如果没有特别声明全局变量、静态变量,就只可访问函数体里面定义的变量。在函数外面访问定义的变量,亦是如此,当前脚本里面寻找它的定义,除非当前变量名在函数体里有特殊声明,如例子中声明的 global 全局变量,在当前脚本都有效,否则也是未定义。

3.4.4　预定义变量

在 PHP 中,不仅仅有用户定义的变量,PHP 也预先内置定义了一些变量,我们把这些变量称为预定义变量,也称作"超全局变量"。

超全局变量——在全部作用域中始终可用的内置变量。

常见的预定义变量有:

$GLOBALS:自动获取当前页面中所有变量的内容,包括局部变量、全局变量、静态变量。

$_SERVER:获取当前服务器和执行环境信息。$_SERVER 是一个包含了诸如头信息(header)、路径(path)以及脚本位置(script locations)等信息的数组。这个数组中的项目由 Web 服务器(Apache 或 nginx)创建。不能保证每个服务器都提供全部项目,服务器可能会忽略一些。

$_POST:当 HTTP/HTTPS 的 POST 请求的 Content-Type 是 application/x-www-form-urlencoded 或 multipart/form-data 时,会将变量以关联数组形式传入当前脚本,而$_POST 则会获取它们的值。

$_GET:通过 URL 参数传递给当前脚本的变量的数组。

$_FILES:获取上传到当前脚本的文件流信息。

$_REQUEST:HTTP request 变量,能获取 post、get 请求的数据。

$_SESSION:获取当前脚本会话的 session 信息。输出是一个数组。

$_ENV:获取当前运行的环境变量信息,并以数组的形式输出。

$_COOKIE:获取通过 HTTP Cookies 方式传递给当前脚本的变量,并以数组的形式输出。

3.5　PHP 运 算 符

在实际的业务中,必定会涉及运算,比如订单金额的处理。PHP 也提供了强大的运算支持,包含了简单的算数运算符、赋值运算符、字符串运算符、逻辑运算符、比较运算符、三元运算符等,以满足实际业务的需要。

3.5.1　赋值运算符

在 PHP 中,赋值运算符有基本赋值和引用赋值两种。

基本的赋值运算符是"=",它的含意是把右边表达式的值赋给左边的运算数。比基本的赋值运算符更高级一点的就是二元算数,也能对其变量进行"运算赋值"。

【例 3.12】基本的赋值运算符。

```php
<?php
$a = ($b = 4) + 5;
printf('$a 的值是%s,$b 的中值是%s ',$a,$b);
echo PHP_EOL;
$c = 3;
```

```
$c += 10; //等价于 $c = $c + 10
printf('$c 的值是%s ',$c);
```

结果:

```
$a 的值是 9,$b 的中值是 4
$c 的值是 13
```

引用赋值,意味着两个变量指向了同一个数据,没有复制任何东西。其中一个对值进行了修改,另一个也会跟着改变。PHP 用"&"符号来声明引用。

【例 3.13】引用赋值运算符。

```
<?php
$a = 99;
$b = &$a;
printf('$a 的值是%s,$b 的中值是%s ', $a, $b);
echo PHP_EOL;
//对$b 进行自增 1
$b += 1;
printf('$a 的值是%s,$b 的中值是%s ', $a, $b);
```

将$a 引用给$b,第一次输出的时候两个变量的值是一样的,之后对$b 自增了 1,由于是引用的关系,$b 仍然指向的是$a 的内存地址,故而对$b 修改,会影响$a 的值。引用也是在实际运用中非常常见的。

3.5.2　算术运算符

PHP 中也支持加减乘除,取模运算。

【例 3.14】使用算术运算符。

```
<?php
$a = 199;
$b = 98;
printf('$a 和$b 的和是:%s ' . PHP_EOL, $a + $b);
printf('$a 和$b 的差是:%s ' . PHP_EOL, $a - $b);
printf('$a 和$b 的乘积是:%s ' . PHP_EOL, $a * $b);
printf('$a 和$b 的商是:%s ' . PHP_EOL, $a / $b);
printf('$a 和$b 的余数是:%s ' . PHP_EOL, $a % $b);
```

结果:

```
$a 和$b 的和是:297
$a 和$b 的差是:101
$a 和$b 的乘积是:19502
```

> $a 和$b 的商是:2.030612244898
>
> $a 和$b 的余数是:3

3.5.3　字符串运算符

能求得两整数之和,我们如何求得两个字符串之和呢? PHP 中,我们使用字符串运算符"."对字符串进行操作。

【例 3.15】使用字符串运算符。

```php
<?php
$foo = ' Tom, how are you? ';
$foo1 = "fine.";
// 合并两个字符串
$foo .= $foo1;
echo $foo;
```

结果:

> Tom, how are you? fine.

3.5.4　逻辑运算符

表 3.1　逻辑运算符

示例	名称	结果
$a and $b	And(逻辑与)	TRUE,如果 $a 和$b 都为 TRUE
$a or $b	Or(逻辑或)	TRUE,如果 $a 或 $b 任一为 TRUE
$a xor $b	Xor(逻辑异或)	TRUE,如果 $a 或 $b 任一为 TRUE,但不同时是
! $a	Not(逻辑非)	TRUE,如果 $a 不为 TRUE(取反)
$a && $b	And(逻辑与)	TRUE,如果 $a 和 $b 都为 TRUE
$a || $b	Or(逻辑或)	TRUE,如果 $a 或 $b 任一为 TRUE

【例 3.16】逻辑运算符。

```php
<?php
$a = true;
$b = false;
###########################
var_dump($a and $b);
$b = true;
```

```
// 此时 $a = true $b = true;
var_dump($a and $b);
// 由此可见,两个条件都满足的情况才会是 true 否则为 false
#############################
// 此时 $a = true $b = true;
var_dump($a or $b);
$b = false;
// 此时 $a = true $b = false;
var_dump($a or $b);
// 可见,在 or 中任意一个条件满足,都会为真。
#############################
// 此时 $a = true $b = false;
var_dump($a xor $b);
$b = true;
// 此时 $a = true $b = true;
var_dump($a xor $b);
$a = false;
$b = false;
var_dump($a xor $b);
//如果 $a 或 $b 任一为 TRUE,但不同时是 TRUE,同时为真或为假的时候则返
回 false
#############################
//此时 $a = false
var_dump(! $a);
// 取反,false 的反就是真,true 的反就是假
#############################
var_dump($a && $b);
// 等价于 and
#############################
var_dump($a || $b);
// 等价于 or
```

结果:

```
bool(false)
bool(true)
bool(true)
bool(true)
bool(true)
```

bool(false)

bool(false)

bool(true)

bool(false)

bool(false)

3.5.5　比较运算符

PHP 中也有大小比较运算符。

【例 3.17】比较运算符。

```php
<?php
$a = 1;
$b = 3;
var_dump($a > $b);
var_dump($a == $b);
$c = "a";
$d = "f";
var_dump($d > $c);
$e = "aacs";
$f = "h";
var_dump($e > $f);
$g = "11";
$h = 11;
var_dump($g == $h);
var_dump($g === $h);
```

结果：

bool(false)

bool(false)

bool(true)

bool(false)

bool(true)

bool(false)

【注意】

在这个例子中，有字符串的比较，按照最简单的说法就是字符的排序不同，转换成数字编码之后的大小也就不同，所以才有'aacs'小于'h'的说法。在最后一个例子中，其实两边都是 11，所以两个等号判断的时候结果为真，但是三个等号判断为假。这是因为：在 PHP 中，"＝＝＝"意味着全等于，会对类型、值大小进行判断，一个是字符串类型，另一个是整形，故不等。

3.5.6　三元运算符

在 PHP 程序中恰当地使用三元运算符能够令脚本更为简洁、高效。代码格式如下：
（expr1）？（expr2）：（expr3）；

解释：如果条件"expr1"成立，则执行语句"expr2"，否则执行"expr3"。

但是过于复杂的语句建议别使用，因为会把本来简洁的语句复杂化，让后期修改更加困难。

【例 3.18】使用三元运算符。

```php
<?php
$a = 1;
$b = 3;
// 判断 a,b 的值 如果 a 小于 b 就将 a 加上 23。输出 a
echo $a < $b? $a + 23: $a;
```

结果：

```
24
```

其实三元运算符可以看作简化版的 if…else…语句，逻辑十分相似，在合适的情景使用能简化代码，提升可读性。

3.5.7　运算符的优先级

在算数中，有运算顺序，在程序中也不例外。正确的运算顺序直接影响了结果的正确性。请牢记正确的运算顺序：

先乘除后加减，比较逻辑依次算，若有辑非最优先！

也就是：

优先级：！（非）> 数学类 > 比较类 > 逻辑类

【例 3.19】运算符的优先级。

```php
<?php
$a = 8;
$b = $a + $a + $a = 2;
// 求得$b 的值？
// 实际 4+ 4+ 2
echo $b . PHP_EOL;
#########################
$a = 2;
$c = $a++;
```

```
//先将 $a 值赋给变量 $c（也就是 $c=$a），然后 $a 值加 1（也就是 $a=$a+1），
//则最终 $c 值等于 2，$a 值等于 3。
//所以 $c=$a++ 相当于 $c=$a，$a=$a+1
echo $c . PHP_EOL;
echo $a . PHP_EOL;
########################
$a = 2;
$c = ++$a;
//先将 $a 值加 1（也就是 $a=$a+1），然后赋给变量 $c（也就是 $c=$a），
//则最终 $c 值等于 3，$a 值等于 3。
//所以 $c=++$a 相当于 $a=$a+1，$c=$a
echo $c . PHP_EOL;
echo $a . PHP_EOL;
########################
//尝试 ($i++)+(++$i)
$i = 1;
echo $i++ + ++$i;
// 1+3 =4
```

结果：

```
18
2
3
3
3
4
```

3.6　数据类型

PHP 支持 9 种原始数据类型。

四种标量类型：boolean（布尔型），integer（整型），float（浮点型，也称作 double），string（字符串）。

三种复合类型：array（数组），object（对象），callable（可调用）。

两种特殊类型：resource（资源），NULL（无类型）

3.6.1　数据类型

针对四种标量类型示例：

【例 3.20】四种标量类型。

```php
<?php
//boolean(布尔型),
$foo = true;
//integer(整型),
$foo1 = 209090;
//float(浮点型,也称作 double),
$foo2 = 109.02;
//string(字符串)。
$foo3 = "string....";
var_dump($foo,$foo1,$foo2,$foo3);
```

结果:

```
bool(true)
int(209090)
float(109.02)
string(10) "string...."
```

针对三种复合类型示例:

【例 3.21】三种复合类型。

```php
<?php
//array(数组)
$fooArr = array(
    'name'=>'admin',
    123
);
//object(对象)
class FooClass{}
$fooObj = new FooClass();
//callable(可调用)。
function my_callback_function() {
    echo 'hello world!';
}
var_dump($fooArr,$fooObj);
call_user_func('my_callback_function');
```

结果:

```
array（2）｛
［"name"］=>
string（5）"admin" ［0］=> nt（123）
｝
object（FooClass）#1 （0）｛｝
hello world！
```

针对两种特殊类型：resource（资源），NULL（无类型）

resource（资源）:图片、视频等一切资源文件。

NULL:空类型。

3.6.2　转换数据类型

PHP 是弱语言类型,对数据格式并没有太大要求,它不像 go,python 那样把数据类型控制得死死的。PHP 中的数据类型转换属于强制转换,允许转换的 PHP 数据类型有:

表 3.2　数据类型

(int)、(integer)	转换成整形
(float)、(double)、(real)	转换成浮点型
(string)	转换成字符串
(bool)、(boolean)	转换成布尔类型
(array)	转换成数组
(object)	转换成对象

【例 3.22】PHP 类型转换。

```php
<?php
$foo = "123123ssds";
//转换成整形 会将字符串中非整形部分舍去 如果字符串中没有整数就转换成 0
var_dump（（int)$foo）;
//转换成浮点型
var_dump（（float)$foo）;
//转换成字符串
var_dump（（string)$foo）;
//转换成布尔类型
var_dump（（bool)$foo）;;
//转换成数组
var_dump（（array)$foo）;
//转换成对象
var_dump（（object)$foo）;
```

结果：

```
int( 123123 )
float( 123123 )
string( 10 ) "123123ssds"
bool( true )
array( 1 ) { [ 0 ] = > string( 10 ) "123123ssds" }
object( stdClass )#1 ( 1 ) { [ "scalar" ] = > string( 10 ) "123123ssds" }
```

3.6.3 检测数据类型

在 PHP 中使用 is_ * 函数来对数据类型进行判断：

表 3.3 is_ * 函数

函数	解释
is_int	是否为整型
is_bool	是否为布尔型
is_float	是否是浮点型
is_string	是否是字符串
is_array	是否是数组
is_object	是否是对象
is_null	是否为空
is_resource	是否为资源
is_scalar	是否为标量
is_numeric	是否为数值类型
is_callable	是否为函数

【例 3.23】PHP 类型判断。

```php
<?php
$foo = "123123ssds";
var_dump(is_string($foo));
var_dump(is_int($foo));
var_dump(is_int(123123));
var_dump(is_array([' aaa ']));
```

结果:

```
bool( true)
bool( false)
bool( true)
bool( true)
```

3.7　PHP 自定函数的创建与使用

PHP 中有内置函数,当然,开发者也可以定义自己的函数。将自己经常使用的代码封装成函数,能大大提高开发者的效率,也是一种良好的编码习惯。

3.7.1　定义函数

PHP 中使用 function 关键词定义一个函数,后面接上函数名来声明一个函数。
语法:
Function string $ name(mixed $ param) { … }
【例 3.24】定义函数。

```php
<?php
//返回一个 1~999 的随机数
function foo( ) {
    echo rand(1,999);
}
// 返回一个指定范围的数组
function foo1( $ start = 0, $ end = 999) {
    print_r( range( $ start,$ end) );
}
```

如此我们就定义了一个函数。

3.7.2　调用函数

调用函数:function_name($ param) ;
【例 3.25】调用定义函数。

```php
<?php
//输出一个 1~999 的随机数
function foo( ) {
    echo rand(1,999);
}
```

```
// 输出一个指定范围的数组
function foo1($start = 0, $end = 999) {
    print_r(range($start, $end));
}
foo();  //调用函数 foo()
foo1(1, 10);  //调用函数 foo1()
```

结果：

```
542
Array
(
[0] => 1
[1] => 2
[2] => 3
[3] => 4
[4] => 5
[5] => 6
[6] => 7
[7] => 8
[8] => 9
[9] => 10
)
```

如果在函数声明的时候有参数，那么在调用函数的时候也需要把相应的参数传入，否则会报错。

3.7.3　传递参数

如果在声明函数的时候设定了相应的参数，那么我们在调用函数的时候也需要传入正确的参数，才能调用函数。

【例 3.26】传递参数。

```php
<?php
//返回一个 N 位的随机数
function foo(int $n)
{
    $start = "1";
    $end = "9";
    for ($i = 1; $i < $n; $i++) {
```

```
        $start .= "0";
        $end .= "9";
    }
    echo rand($start, $end);
}
foo(4);
```

结果:

```
9076
```

在声明 foo 函数的时候有一个参数$n,所以在调用函数的时候要传入一个合法的 iint 的$n值,否则将会报错,提示你需要传入相应的参数。

3.7.4　返回值

因为作用域的不同,所以在函数体里面的参数,在外面是无法获取的。当我们需要得到函数体里面的结果值时,就需要用到返回值。PHP 中使用 return 关键字来返回这个函数的结果值,我们称这个结果值为返回值。

【例 3.27】返回值。

```
<?php
/**
 * 生成随机字符串
 * @ param integer $length
 * @ return mixed
 */
function getNonceStr($length = 32)
{
    $chars = "abcdefghijklmnopqrstuvwxyz0123456789";
    $str = "";
    for ($i = 0; $i < $length; $i++) {
        $str .= substr($chars, mt_rand(0, strlen($chars) - 1), 1);
    }
    return $str;
}
getNonceStr(16);
echo getNonceStr() . PHP_EOL;
echo getNonceStr(16) . PHP_EOL;
```

结果:

kx8rihwqe826gq6rp6yrkokwv9fe5eji
5b8bzo1jn8s3ymxt

当声明的函数有默认值的时候,如果不传入参数,程序则会使用默认参数。需要注意的是,如果函数有多个参数,部分有默认值,部分没有,有默认值的必须放在后面。return 关键字不会输出任何内容,只会将值返回。函数被调用了才会执行。

本章小结

在本章,我们学习了 PHP 的基础语法,小到 PHP 代码应该写在哪里,大到对函数的封装使用。读者理应学会如何声明一个正确的变量,杜绝变量声明错误。请牢记常量的定义方法和常量的特性:一旦定义,便不可被修改,覆盖,重复定义。对于逻辑运算复杂的算术,建议考虑好运算的优先级,否则会影响到最后的结果。PHP 是弱语言类型,对变量的类型并没有强制要求,类型之间可以互相强制转换。对于我们声明的函数,外面获取值必须满足三个条件:函数必须有返回值,函数必须要被调用,函数体必须正确并没有断开执行。

练 习

1.尝试定义三个变量和常量。
2.定义一个获取指定返回的 6 为随机字符的函数(返回数字和字符)。
3.调用函数,并将函数的返回值转换成整形并输出。
4.计算下列程序 $c 的值.

```
$a = 1;
$b = &$a;
$c = ++$a + $a ++;
```

第 4 章

PHP 流程控制

4.1 if 条件控制及多分支

当需要处理逻辑判断的时候,PHP 提供了 if 条件控制语句。

语法:

if（expr）｛true｝else｛false｝

参数:

Expr——表达式,要么 true 要么 false。

简单的 if 语句是只能判断一个条件的,当有多个条件的时候,可以在 else 语句里面继续嵌套,当然也可以用 elseif 语句。

语法:

If（expr）｛true｝elseif(expr1)｛true｝elseif(expr2)｛true｝else｛false｝

大概 expr 不满足的时候就回去判断 expr1,仍然不满足就会一直往下判断,如果都不满足就会进入 else 里面。

4.1.1 if 语句

学习 PHP 的简单条件判断语句。

【例 4.1】if 判断语句。

```php
<?php
//判断是否是偶数
$a = 100;
if ($a % 2 === 0) {
    printf("%s 是偶数。\n", $a);
}
//判断字符串长度是否是 4
$str = "abcdefg";
```

```
if ( strlen( $ str) ！ = 4) {
    echo '长度不是 4 ';
}
```

结果：

```
100 是偶数。
    长度不是 4
```

当条件满足的时候，就会进入处理流程里面。

4.1.2　if…else 语句

【例 4.2】if…else…判断语句。

```
<?php
$ var = 100;
// 判断一个数是否是基数或偶数
if ( $ var % 2 = = = 0) {
    printf( "%s 是偶数。\n", $ var);
} else {
    printf( "%s 是基数。\n", $ var);
}
```

结果：

```
100 是偶数，
```

当对 expr 判断，为真就会进入第一个处理流程，为假就会进入第二个处理流程。

4.1.3　if…elseif…else 语句

当涉及多条件判断的时候，我们要使用 if…elseif…else 语句。

【例 4.3】if…elseif…else 判断语句。

```
<?php
// 假设部门经理给定一个评优的基准：上班 29 天，加班时常 100 小时，本月参与了
两个大型项目。
$ employees = [
    [
        ' name ' => '小张',
        ' work_time ' => 28,
        ' over_time ' => 30,
        ' join_big_work ' => 0,
```

```php
        ],
        [
            ' name ' => '小吴',
            ' work_time ' => 30,
            ' over_time ' => 80,
            ' join_big_work ' => 0,
        ],
        [
            ' name ' => '小邹',
            ' work_time ' => 28,
            ' over_time ' => 100,
            ' join_big_work ' => 1,
        ],
        [
            ' name ' => '小宋',
            ' work_time ' => 39,
            ' over_time ' => 89,
            ' join_big_work ' => 2,
        ],
    ];
    //请判断哪些员工能被评为优秀员工,哪些不能?
    foreach ($employees as $item) {
        if ($item[' work_time '] >= 29) {
            printf("%s 能被评为优秀员工\n", $item[' name ']);
        } elseif ($item[' over_time '] >= 100) {
            printf("%s 能被评为优秀员工\n", $item[' name ']);
        } elseif ($item[' join_big_work '] >= 2) {
            printf("%s 能被评为优秀员工\n", $item[' name ']);
        } else {
            printf("%s 不能被评为优秀员工\n", $item[' name ']);
        }
    }
}
```

结果:

```
小张不能被评为优秀员工
小吴能被评为优秀员工
小邹能被评为优秀员工
小宋能被评为优秀员工
```

在对 expr 判断的时候,如果一直不满足,便会一直往下判断,直到为 false 的时,进入最后的流程语句中。

4.2 switch 条件语句

从某种角度上讲,当判断的条件过多时,会导致 if…elseif…else 语句过长,甚至整个脚本全都是判断语句,这是非常不利于后期对代码进行修改的。于是 PHP 提供了 switch 语句来简化多条件的判断语句,能避免冗长的 if….elseif…else 语句。

【例 4.4】switch 判断语句。

```php
<?php
// 对随机数后的范围进行判断。
$num = rand(1,100);
echo $num.PHP_EOL;
switch ($num) {
  case $num < 10:
    echo "范围在 0~9 之间";
    break;
  case 10 < $num && $num < 30:
    echo "范围在 10~29 之间";
    break;
  case 30 < $num && $num < 60:
    echo "范围在 30~59 之间";
    break;
  default:
    echo "范围在 60~100 之间";
}
```

结果:

```
28
范围在 10-29 之间
```

把表达式的值与结构中 case 的值进行比较,如果满足,则执行与 case 关联的代码,代码执行后,break 语句阻止代码跳入下一个 case 中继续执行,如果没有 case 为真,则会进入 default 流程。

4.3　while 循环控制

在实际的应用中,有时候可能会给满足条件的数据进行同样的处理,经常需要反复运行同一代码块。此时可以使用循环来执行这样的任务,以提高效率。

PHP 提供了 while 循环来处理。常见的 while 控制有 while (expr){ statement } 或 do { statement } while(expr) 循环,我们会在后边的例子详细讲解。请先猜想:两个循环有何区别?

4.3.1　while 循环

【例 4.5】while 循环语句。

```php
<?php
//对$i判断,是否是小于1等于0,是就自增1(输出10以内的整数)
$i = 1;
while ($i <= 10):
  echo $i . PHP_EOL;
   $i++;
endwhile;
```

结果:

```
1
2
3
4
5
6
7
8
9
10
```

while——只要指定条件满足,则会循环执行代码块。示例中 i 的值是 1,于是向下执行,然后递增 1,第二次为 2 也小于 10……直到最后不再满足条件才结束循环。

4.3.2　do...while 循环

do...while 循环是先执行一次代码流程,然后再判断。

【例 4.6】do...while 循环语句。

```php
<?php
// 对$i判断,是否是小于1等于10,是就自增1(输出10以内的整数)
$i = 0;
do {
    $i++;
    echo $i . PHP_EOL;
} while ($i <= 10);
```

结果:

```
1
2
3
4
5
6
7
8
9
10
```

两者 while 都是循环,但是不同的是,do…while 会先执行一次,然后再去判断。就上面这个例子而言,第一次判断的时候 i 的值并不是 0,而是 1,因为已经自增了 1,而 while 则是每次先判断,满足才会执行流程代码里面的语句。

4.4　for 循环语句及其多层嵌套

for 循环是 PHP 中最复杂的循环结构。

语法:

```
for (expr1; expr2; expr3)
    Statement
```

参数:

expr1——在循环开始前无条件执行一次。

expr2——在每次循环开始前求值。如果值为 TRUE,则继续循环,执行嵌套的循环语句。如果值为 FALSE,则终止循环。

expr3——在每次循环之后被执行。

【例 4.7】for 循环语句。

```php
<?php
//输出 1-10 的整数
for ($i = 1; $i <= 10; $i++) {
    echo $i.'-';
}
echo "\n";
//也是等价于:
for ($i = 1; ; $i++) {
    if ($i > 10) {
        break;
    }
    echo $i.'-';
}
```

结果:

```
1-2-3-4-5-6-7-8-9-10-
1-2-3-4-5-6-7-8-9-10-
```

for 语句也可多层嵌套。

【例 4.8】输出 9 * 9 乘法表。

```php
<?php
for ($j = 1; $j <= 9; $j++) {
    for ($i = 1; $i <= $j; $i++) {
        echo "{$i}x{$j}=" . ($i * $j) . " ";
    }
    echo "\n";
}
```

输出:

```
1×1=1
1×2=2  2×2=4
1×3=3  2×3=6  3×3=9
1×4=4  2×4=8  3×4=12  4×4=16
1×5=5  2×5=10  3×5=15  4×5=20  5×5=25
1×6=6  2×6=12  3×6=18  4×6=24  5×6=30  6×6=36
1×7=7  2×7=14  3×7=21  4×7=28  5×7=35  6×7=42  7×7=49
1×8=8  2×8=16  3×8=24  4×8=32  5×8=40  6×8=48  7×8=56  8×8=64
1×9=9  2×9=18  3×9=27  4×9=36  5×9=45  6×9=54  7×9=63  8×9=72  9×9=81
```

4.5 跳 转 语 句

在执行循环的时候,如果已经满足了条件,需要停止往下执行的时候,我们就需要运用跳转语句来组织循环的继续执行。PHP 提供了 break 和 continue 语句,来阻止循环的继续执行。在讲解之前,请从字面意思猜想两者有何区别。

4.5.1 break

该语句的含义是终止并跳出当前循环体的所有循环。若在当前循环中使用了 break 关键词,就会终止并跳出当前循环体的所有循环。

【例 4.9】break 使用。

```php
<?php
//当值等于 temp 的时候跳出循环体。
$temp = 4;
for ($i = 1; $i < 100; $i++) {
    if ($i == $temp) {
        break;
    }
    echo $i.PHP_EOL;
}
```

结果:

```
1
2
3
```

当在进行第三次循环的时候 i 的值已经为 4,和 temp 值相等,执行了 break 语句,于是跳出了当前循环。

4.5.2 continue

该语句的含义是终止本次循环后面的内容,进行下一次新循环。

【例 4.10】continue 使用。

```php
<?php
//当值等于 temp 的时候跳出当前本次循环。
$temp = 4;
for ($i = 1; $i < 10; $i++) {
```

```
    if ($i == $temp){
        continue;
    }
    echo $i."-";
}
```

结果：

```
1-2-3-5-6-7-8-9-
```

在进行第四次循环的时候，因为 i 的值等于了 temp 所以进入了 if 流程语句，执行了
continue 语句，终止了当前循环后面代码的执行，并且开始直接执行了下一次循环。所以输出
5-6-……

break 与 continue 两者的区别：

两者都可以阻断循环的流程，但是不同的是，break 会阻断当前循环体的所有流程，而
continue 则是当前循环体的单次(本次)流程。它们均会阻止循环体后面的代码执行。

本章小结

业务流程中，循环处理是非常常见的。我们时常需要根据数据进行筛选、处理等，这都会
涉及循环，比如对数据的批量写入，我们会循环处理数据然后拼接 sql，在最后执行 sql 语句实
现批量写入。我们还会涉及条件判断，判断时间是否过期，判断当前用户是否被禁止登录，都
是十分常见的。在对代码的精简，对流程效率的控制着手的时候，我们务必要考虑清楚该使
用什么语句，坚决杜绝死循环。

练习

尝试输出 1 000 以内的水仙花数。水仙花数是指一个 n 位数 ($n \geqslant 3$)，它的每个数位上的
数字的 n 次幂之和等于它本身。例如：$1^3 + 3^3 + 5^3 = 153$。要求：先使用 for 语句实现，然后使
用 while 语句实现。

为深入理解 continue 和 break 语句，请猜想：在多层循环里面执行了 break 或者 continue
语句，外层的循环语句是否会受影响？证明它。

第 **5** 章
字符串

5.1 字符串的定义

在 PHP 中,我们将用单双引号围起来的字符称为字符串。

【例 5.1】定义字符串。

```php
<?php
$fooStr = ' this is a string ';
var_dump($fooStr);
//用双引号定义字符串。
$fooStrB = "this is a string";
var_dump($fooStrB);
//使用 heredoc 定义
$fooStrC = <<<EOT
this is a string
EOT;
var_dump($fooStrC);
```

结果:

```
string(16) "this is a string"
string(16) "this is a string"
string(17) "this is a string "
```

结果显示的是 string 类型,这便是 PHP 中的字符串类型。

5.1.1 单引号定义

在 PHP 中,可以用单引号声明一个字符串。若要在单引号里面显示单引号,则需要使用反斜杠转义。

【例 5.2】使用单引号声明一个字符串。

```php
<?php
$fooStr = ' long time no see! ';
var_dump($fooStr);
//若在单引号里面输出单引号
$fooStrB = ' it\' s yours? ';
var_dump($fooStrB);
//若在单引号里面输出转义斜杠
$fooStrC = ' try output \\';
var_dump($fooStrC);
```

结果:

```
string(17) "long time no see!"
string(11) "it ' s yours?"
string(12) "try output \"
```

这便是输出,定义字符串的正确姿势,但是在单引号里面输出单引号,若不通过反斜杠转义则会报错,因为 PHP 默认在第二个单引号处断开,表明这个字符串在此处已结束声明了。所以需要使用转移符来告诉程序,此处没有结束。

5.1.2 双引号定义

在 PHP 中除了单引号,我们还可以使用双引号来声明一个字符串。

【例 5.3】使用双引号声明一个字符串。

```php
<?php
$fooStr = "long time no see!";
var_dump($fooStr);
//若在双引号里面输出单引号
$fooStrB = "it ' s yours?";
var_dump($fooStrB);
//若在单双引号里面输出双引号
$fooStrC = "it\"s yours?";
var_dump($fooStrC);
//若在单引号里面输出转义斜杠
$fooStrD = "try output \\";
var_dump($fooStrD);
```

结果：

```
string(17) "long time no see!"
string(11) "it ' s yours?"
string(11) "it"s yours?"
string(12) "try output \"
```

由此可见，双引号和单引号并没有什么特别大的区别，都是可以定义字符串的。两者都是需要转义才能输出。

5.1.3　界定符定义

在 PHP 中除了单双引号定义字符串之外，还可以使用界定符定义一个字符串。

【例 5.4】使用界定符定义一个字符串。

```php
<?php
$fooStr = <<<str
this is a string!
is ' s very useful!
/ "?
str;
var_dump($fooStr);
```

结果：

```
string(43) "this is a string!
is ' s very useful!
/ "?"
```

可见用界定符也是可以声明字符串的，并且在界定符里面可以输出任意特殊字符，是不需要转义的，但是实际上并不是很实用，因为使用界定符定义一个字符串太过于烦琐。

5.1.4　单双引号的区别

同样是声明一个字符串，那么单双引号有什么区别呢？

其实两者最大的区别就是，能否解析当中的变量。

【例 5.5】单双引号的区别。

```php
<?php
$name = "重庆工程学院";
//在单引号里面输出变量。
echo "你好啊,$name".PHP_EOL;
//在双引号里面输出变量。
```

```
echo '你好啊,$name'.PHP_EOL;
//如果害怕混淆:在变量名之后紧接着其他字符,会混淆变量,导致PHP不能正常
解析
echo "{$name}12312";
```

结果:

```
你好啊,重庆工程学院
你好啊,$name
重庆工程学院12312
```

从例子中可见,在单引号里面是不能解析变量的,变量名在单引号里面输出并不会解析这个变量;反之,在双引号里面却是能解析变量。所以,没有复杂的字符串建议使用单引号。

5.2 字符串的常用函数

5.2.1 **获取字符串长度** strlen

在PHP中,strlen函数用来获取字符串的长度。

strlen——获取字符串长度。

语法:

strlen(string $string):int

参数:

$string——待获取长度的字符串

返回值:

成功则返回字符串string的长度;如果string为空,则返回0。

【例5.6】使用strlen函数。

```php
<?php
$str1 = "重庆工程学院";
$str2 = "hello word!";
print strlen($str1).PHP_EOL;
print strlen($str2);
```

结果:

```
18
11
```

当目标字符串有汉字的时候需要谨慎使用该函数,因为编码不同会导致获取的字符串长度也不同。

5.2.2 处理字符串首尾 trim

在实际应用中,我们获取字符串之后,在字符串的前后可能会有空格以及其他不需要的字符,那么如果去掉呢?

trim——去除字符串首尾处的空白字符(或者其他字符)

语法:

trim (string $str [, string $character_mask = " \t\n\r\0\x0B"]): string

参数:

$str——待处理的字符串。

$character_mask——需要处理的字符,如果不指定,将会去掉普通空格符、制表符、换行符、回车符、空字节符、垂直制表符。

返回值:

过滤处理之后的字符串。

【例 5.7】使用 trim 函数。

```php
<?php
//处理两边的空格
$str1 = " 重庆工程学院 ";
//处理两边的回车
$str2 = "
hello word!
";
//处理两边的特殊符号
$str3 = "-hello word 2! ^^";
print trim($str1).PHP_EOL;
print trim($str2).PHP_EOL;
print trim($str3,"-^");
```

结果:

```
重庆工程学院
hello word!
hello word 2!
```

5.2.3　截取字符串 substr

在实际业务中,我们要将秘钥的前 20 位截取返回给用户,如何截取？PHP 提供了 substr 截取函数。

substr——按要求截取字符串并返回字符串的子串

语法:

substr（string $string, int $start [, int $length]）: string

参数:

$string——待截取的字符串。

$start——开始截取的位置。

$length——截取的长度,从开始位置开始计算。

返回值:

返回提取的子字符串,或者在失败时返回 FALSE。

【例 5.8】使用 substr 函数。

```php
<?php
//现有秘钥如下
$xsrfKey = "WWOgA5D8s10PoHssWXGuq6iCIDA9iNoG";
//输出前 20 位;
echo substr($xsrfKey,0,20).PHP_EOL;
// 输出 15-25 这十位秘钥
echo substr($xsrfKey,15,10).PHP_EOL;
//输出末尾十位秘钥
echo substr($xsrfKey,-10).PHP_EOL;
//输出末尾十位到三位的秘钥
echo substr($xsrfKey,-10,-3).PHP_EOL;
```

结果:

```
WWOgA5D8s10PoHssWXGu
sWXGuq6iCI
iCIDA9iNoG
iCIDA9i
```

如果 $start 是正整数,那么返回的字符串就会从 start 值开始截取。如果 $start 是负数,那么返回的字符串就会从末尾向前 start 的长度开始截取。

如果 $lengh 是正整数,则截取就会从 start 开始向后偏移 $lengh 的长度。如果 $lengh 是负数,那么字符串末尾处的 length 个字符将会被省略。

5.2.4　替换字符串 str_replace

在实际的应用中,如果字符串出现了敏感信息,我们要把这段信息替换掉。PHP 提供了 str_repalce 函数来替换字符串。

> str_replace——替换字符串的子字符串

语法:

> str_replace (mixed $ search , mixed $ replace , mixed $ subject [, int & $ count]) : mixed

参数:

> $ search——查找的目标值,一个数组可以指定多个目标。
> $ replace——search 的替换值。一个数组可以被用来指定多重替换。
> $ subjetc——执行替换的数组或者字符串。
> $ count——替换次数。

返回值:

> 该函数返回替换后的数组或者字符串。

【例 5.9】使用 str_replace 函数。

```php
<?php
//现有秘钥如下
$xsrfKey = "WWOgA5D8s10PoHssWXGuq6iCIDA9iNoG";
//假设秘钥里面的"s"是非法的,我们需要替换。输出替换后的结果
echo str_replace("s","-",$xsrfKey,$count).PHP_EOL;
echo "有{$count}处被替换".PHP_EOL;
//得到新的需求 秘钥里面的"D8","WX"包含了特殊信息,需要替换(被替换字符
串自定义)。
echo str_replace(["D8","WX"],["-","="],$xsrfKey,$count).PHP_EOL;
echo "有{$count}处被替换".PHP_EOL;
```

结果:

```
WWOgA5D8-10PoH--WXGuq6iCIDA9iNoG
有 3 处被替换
WWOgA5-s10PoHss=Guq6iCIDA9iNoG
有 2 处被替换
```

5.2.5　搜索字符串 strstr

在业务需求中时常需要判断一个字符串是否包含另一个字符串。PHP 为此提供了 strstr

搜索字符串。

strstr——查找字符串的首次出现的位置

语法：

strstr（string $ haystack，mixed $ needle〔，bool $ before_needle = FALSE〕）：string

参数：

$ haystack——目标字符串，被查找的目标。

$ needle——匹配字符串。

$ before_needle——若为 TRUE，strstr（）将返回 needle 在 haystack 中的位置之前的部分。

返回值：

搜索到，则返回字符串的一部分；否则返回 FALSE。

【例 5.10】使用 strstr 函数。

```php
<?php
// 现有一条船到达重庆港的时间数据:如下
$ outData = [
    ' port_name '    => ' Chongqing ',
    ' load_time '    => 1573976897,
    ' unload_time '  => 1573974897,
    ' cx_load_time ' => 1573976997,
    ' cx_unload_time ' => 1573971097,
    ' cq_load_time ' => 1573944297,
    ' cq_unload_time ' => 1573912897,
    ' order_time '    => 1573976897,
    ' is_out '       => false,
    ' is_query '     => true,
    ' updated_at '    => 1573976897,
];
//包含了 load 的,视为装船时间;包含了 unload 的,就是卸船时间,输出所有的装船
    时间
foreach ( array_keys($ outData) as $ item) {
    if ( strstr($ item, "load") ! = = false and strstr($ item, "unload") = = false) {
        echo $ outData[$ item] . PHP_EOL;
    }
}
```

结果：

```
1573976897
1573976997
1573944297
```

5.2.6 字符串转义 addslashes

在使用面向过程做程序的时候,不采用第三方框架,在进行注册、登录乃至一切与数据库操作有关的时候,我们都需要执行 sql,但是有时候因为用户的非法输入,非法传入一些字符串断掉了 sql,造成了 sql 注入,带来无法估计的数据损失。所以我们在获取用户输入的数据之后,一定要转义！PHP 为此提供了 addslashes 来转义字符。

addslashes——使用反斜线引用字符串

语法：

addslashes（string $str）：string

参数：

$str——要转义的字符。

返回值：

返回转义后的字符。

【例 5.11】使用 addslashes 函数。

```php
<?php
$str = "it ' s my cat.";
echo addslashes($str);
```

结果：

it\' s my cat.

在我们的 sql 中如果是用单引号包裹,那么这句话被当做值传入,那么整句 sql 就会在这里断开,轻者程序报错、中断,重则造成无法估量的数据损失。

5.2.7 字符串还原 stripslashes

当我们把有反斜杠转义的字符串存入数据库,再展示到页面的时候,需要去掉反斜杠,也就是反转义。

stripslashes——反引用一个引用字符串

语法：

stripslashes（string $str）：string

参数：

$str——需要反引用的字符串

返回值：

返回一个去除转义反斜线后的字符串(\\' 转换为 ' 等等)。双反斜线(\\\\)被转换为单个反斜线(\\)

【例 5.12】使用 stripslashes 函数。

```php
<?php
$str = "it\\\\\\\\' s my cat.";
echo stripslashes($str);
```

结果：

it\\' s my cat.

本章小结

字符串在程序中经常被使用,所以我们更应该学会如何声明一个字符串,如何更高效率地使用单双引号,如果做到变量在引号里面解析,什么时候该怎么声明字符串,都是值得深思熟虑的。使用字符串函数也是非常常见的,例如支付回调时口令是否一致,秘钥返回是否被包含在完整秘钥里面。两个字符串是否相等,在业务需求的时候,还可以截取字符串进行加密然后再截取。

练习

假设现有一字符串:"--??　nXprm6Ae6CWx05VBuN3OD4R9P4nCnuxy=-*"
要求：
(1)将秘钥两端的符号去掉。
(2)截取秘钥中间 8-16 位,并输出。
(3)替换(2)中子秘钥中的"c"字符,并输出。
(4)判断 0 是否在(3)中,如果在返回 0 前面的字符,并输出。
(5)然后使用 md5 函数加密串,并输出。

第 **6** 章
正则表达式

6.1　概念

正则表达式，又称规则表达式。它是一种字符串匹配的模式，通常被用来检索一个字符串是否有满足规则的子串，或是将满足规则的子串取出或替换。

正则表达式是对字符串一种逻辑操作公式，将事先定义好的规则对输出的字符串进行匹配等操作。目前对数据验证使用最多的工具，其涉及领域非常广泛，多用于对输入数据的验证，对数据的匹配获取，对满足规则的数据替换这三个场景，在不同语言有相同的作用。正则表达式是一个非常强大的工具。

6.2　语法规则

正则表达式里面的"规则"就是它的语法规则。以正确的姿势掌握其语法规则，便能以最快的速度掌握它。

6.2.1　行定位符(^和$)

行定位符是用来指定匹配规则字符串的边界。

"^"表示行开始，例如："^he"，表示以 he 开头的字符串。

"$"表示行结尾，例如："rd$"，表示以 rd 结尾的字符串。

【例 6.1】使用行定位符。

```php
<?php
// 表示以 th 开始
$pattern = "/^th/";
// 表示以 ry 结尾
```

```
$pattern1 = "/ry $/";
$fooStr = "that ' s my dog";
$fooStr1 = "I think you must be hungry";
var_dump( preg_match( $pattern, $fooStr)); //匹配到
var_dump( preg_match( $pattern, $fooStr1));
var_dump( preg_match( $pattern1, $fooStr));
var_dump( preg_match( $pattern1, $fooStr1)); //匹配到
```

结果：

```
int( 1)
int( 0)
int( 0)
int( 1)
```

6.2.2　单词定界符(\b、\B)

当我们需要判断某个字符串里面是否包含某个关键单词的时候,正则表达式也为我们提供了此类方法。正则表达式出现在一个单词内,或在一个单词的开头,或在一个单词的结尾,于是有了单词定界符:

"\b"——描述单词的前或后边界。

"\B"——表示非单词边界。

【例 6.2】使用单词定界符。

```
<?php
//边界匹配——就是匹配前面后面,不包含在单词中间
$pattern = "/\bStu/";
$fooStr = "I like Studying";
$fooStr1 = "I like studying";
var_dump( preg_match( $pattern, $fooStr));
//当我们吧 S 改成小写的时候是不能匹配到的,由此可见正则表达式大小写敏感
var_dump( preg_match( $pattern, $fooStr1));
######################################
// 非边界匹配——在单词中间,但是没有在单词边上
$pattern = " /\Bapt/";
$fooStr = "Chapter";
$fooStr1 = "aptitude";
// apt 在单词 Chapter 的中间,所以匹配到
var_dump( preg_match( $pattern, $fooStr));
// apt 在单词 aptitude 的边上,所以匹配不到
var_dump( preg_match( $pattern, $fooStr1));
```

结果：

```
int(1)
int(0)
int(1)
int(0)
```

6.2.3　字符类（[ ]）

[ ]——标记一个表达式的开始和结束。

【例 6.3】使用字符类表达式。

```php
<?php
//范围匹配
$pattern = "/[0-9]/";
$pattern1 = "/[a-z]/";
$pattern3 = "/[A-Za-z0-9]+$/";
$fooStr = "I like studying";
$fooStr1 = "My phone number is 909098786";
$fooStr2 = "My phone number is?????";
$fooStr3 = "909098786";
//在$fooStr 里面没有数字,故而匹配不到
var_dump(preg_match($pattern, $fooStr));
//在$fooStr1 $fooStr3 中都有数字,所以能匹配到
var_dump(preg_match($pattern, $fooStr1));
var_dump(preg_match($pattern, $fooStr3));
//在$fooStr 里面有字母,匹配到
var_dump(preg_match($pattern1, $fooStr));
//$fooStr3 只有数字,所以不能匹配到
var_dump(preg_match($pattern1, $fooStr3));
echo "-------------------".PHP_EOL;
//$pattern3 中表字符串里面只能包含 A-Z,a-z,0-9 这三种不能出现符号,所以除了
$fooStr2都能匹配到
var_dump(preg_match($pattern3, $fooStr));
var_dump(preg_match($pattern3, $fooStr1));
var_dump(preg_match($pattern3, $fooStr2));
var_dump(preg_match($pattern3, $fooStr3));
```

结果：

```
int(0)
int(1)
int(1)
int(1)
int(0)
-------------------
int(1)
int(1)
int(0)
int(1)
```

6.2.4　选择字符(｜)

当我们需要对两个以上字符串进行选择匹配时,需要用到选择字符"｜",例如对字符串匹配以数字开头或以大写字母开头,对于其他字符都认定为非法。

【例 6.4】使用选择字符。

```php
<?php
//或匹配
$pattern = "/^[0-9]|[A-Z]/"; # 以数字开头或则大写字母开头
$fooStr = "I like studying";
$fooStr1 = "i like studying";
$fooStr2 = "909098786";
var_dump(preg_match($pattern, $fooStr));
// $fooStr1 是以小写的 i 开头,所以不能被匹配到
var_dump(preg_match($pattern, $fooStr1));
var_dump(preg_match($pattern, $fooStr2));
```

结果：

```
int(1)
int(0)
int(1)
```

6.2.5　连字符(-)

当有需要对字符串进行多个正则规则匹配的时候,需要用到连字符。

【例 6.5】使用连字符。

```php
<?php
// 以数字{0,1,2,3}开头然后-连接 后面跟上八位数字
$pattern = "/^[0-3]{3}-[0-9]{8}/";
$fooStr = "12337283764";
$fooStr1 = "123-37283764";
$fooStr2 = "123-3728454";
var_dump(preg_match($pattern, $fooStr));
var_dump(preg_match($pattern, $fooStr1));
var_dump(preg_match($pattern, $fooStr2));
```

结果：

```
int(0)
int(1)
int(0)
```

此外，"-"还用于在指定范围时使用，如上例中的"[0-9]"其意思是指 0~9 所有的数字，"a-z"表示小写字母 a~z，通常用来被指定范围，但此时已不是连字符的意思。

6.2.6 排除字符([^])

当我们对字符串做匹配，要排除某些不满足要求的子串，就需要用到排除字符。我将结合例子讲解。

【例 6.6】使用排除字符。

```php
<?php
# example 1:
// 现在有三个域名：baidu.com；redis.baidu.com；redis.tencent.com 要匹配不以 redis 开头的域名
$list = [
    'baidu.com',
    "redis.baidu.com;",
    "redis.tencent.com"
];
$pattern = "/^(?!redis).*$/";
// 此正则就是 非 redis 开头
// 这里使用了零宽度断言(?!exp)，注意，我们有一个向前查找的语法(也叫顺序环视)(?=exp)
//(?=exp) 会查找 exp 之前的【位置】如果将等号换成感叹号，就变成了否定语义，也就是说查找的位置的后面不能是 exp
```

```
　　//一般情况下?! 要与特定的锚点相结合,例如^行开头或者$行结尾,那么上面的例
子的意思如下:
　　//^(?! redis).*$ 即:先匹配开头 redis 取反 不以 redis 开头后面任意,边匹配第
一个
　　foreach ($list as $item) {
　　　$matches = [];
　　　$res = preg_match($pattern, $item,$matches);
　　　if ($res) {
　　　　printf("域名%s 被筛选出来了;",$item);
　　　}else{
　　　　printf("域名%s 是以 redis 开头;",$item);
　　　}
　　　echo PHP_EOL;
　　}
```

结果:

```
　域名 baidu.com 被筛选出来了;
　域名 redis.baidu.com;是以 redis 开头;
　域名 redis.tencent.com 是以 redis 开头;
```

难点在于对取反的理解。读者多尝试几遍,便能理解。

6.2.7　限定符(? * + {n,m})

当我们对手机号这种有数量限制的字符进行正则匹配的时候,我们就需要用到限定符对
字符出现的次数进行限制。

常见的有:

字符	描述
?	匹配到一次或者零次,等价于{0,1}
*	匹配到多次或零次,等价于{0,}
+	至少匹配到一次,等价于{1,}
{n}	匹配到 n 次,精确值
{n,}	至少匹配到 n 次
{n,m}	至少匹配 n 次,最多匹配到 m 次

【例 6.7】使用限定符。

```php
<?php
// 匹配 6 位数字
$pattern = "/[0-9]{6}/";
//匹配 4-8 位数字
$pattern1 = "/^[0-9]{4,8}$/";
//匹配至少 5 位数字
$pattern2 = "/[0-9]{5,}/";
$fooStr = "12337283";
$fooStr1 = "12337283764";
$fooStr2 = "12337";
var_dump(preg_match($pattern, $fooStr));
var_dump(preg_match($pattern, $fooStr2));
// $fooStr 满足 $fooStr2 位数不够
var_dump(preg_match($pattern1, $fooStr2));
var_dump(preg_match($pattern1, $fooStr1));
// $fooStr2 满足 $fooStr1 位数过长
```

结果：

```
int(1)
int(0)
int(1)
int(0)
```

6.2.8 点号字符(.)

点号字符表示匹配除换行符 \n 之外的任何单字符。当然,在字符串中也可以作小数点使用。

【例 6.8】使用点号字符。

```php
<?php
//斜杠需要使用反斜杠转义 匹配 span 里面的所有内容
$pattern = "/<span>.*<\/span>/";
$fooStr = "<span>本章讲解的是正则表达式,一个...</span>";
$fooStr1 = "<div>本章讲解的是正则表达式,一个...</div>";
preg_match($pattern, $fooStr,$matches);
preg_match($pattern, $fooStr1,$matches1);
var_dump($matches);
var_dump($matches1);
```

结果：

```
array(2) {
[0] => string(58) "<span>本章讲解的是正则表达式,一个...</span>"
[1] => string(45) "本章讲解的是正则表达式,一个..." }
array(0) {}
```

6.2.9　转义字符(\)

PHP 正则中时常需要用到转移字符,比如上例中的 span 的结束标签,是斜杠,但是会和正则开始的标签冲突,于是我们需要转义它,和 PHP 中的转义一样,用反斜杠转义即可。由于太过简单,这里就不做过多的解释和示例。

6.2.10　反斜线(\)

反斜线表示将下一个字符标记为特殊字符,或原义字符,或向后引用,或八进制转义符。例如,'n' 匹配字符 'n','\n' 匹配换行符,也能作为转义符。

【例 6.9】使用反斜线。

```php
<?php
// $pattern = "/\d{3}-\d{8}|\d{4}-\d{7}/";
// 使用反斜线来声明下一个是特殊字符
$fooStr = "123-87888822";
$fooStr1 = "12-87888822";
preg_match($pattern, $fooStr,$matches);
var_dump($matches);
preg_match($pattern, $fooStr1,$matches);
var_dump($matches);
```

结果：

```
array(1) { [0] => string(12) "123-87888822" }
array(0) { }
```

6.2.11　括号字符(())

括号用于标记一个子表达式的开始和结束位置。

【例 6.10】使用括号字符。

```php
<?php
//有两位小数的正数
$pattern = "/^[0-9]+(.[0-9]{2})?$/";
$fooStr = "99.01";
$fooStr1 = "9.111";
```

```
preg_match($pattern,$fooStr,$matches);
var_dump($matches);
preg_match($pattern,$fooStr1,$matches);
var_dump($matches);
```

结果：

```
array(2) {
[0]=>
string(5) "99.01"
[1]=>
string(3) ".01"
}
array(0) {
}
```

【注意】

当我们要对字符串进行括号匹配时,此时并不是子表达式的开始和结束位置,只是想单纯地匹配字符串的括号,必须转义。

6.3　函数介绍

PHP 也为我们提供了强大的正则支持,对于满足匹配规则的字符串,能进行匹配、替换、获取等常规操作。

6.3.1　函数 preg_grep

preg_grep——返回匹配模式的数组条目

语法：

preg_grep(string $pattern, array $input [, int $flags = 0]): array

参数：

$pattern——正则规则

$input——输入的数组

$flags——如果设置为 PREG_GREP_INVERT, 这个函数返回输入数组中与给定模式 pattern 不匹配的元素组成的数组。

返回值：

返回使用 input 中 key 做索引的数组。

【例 6.11】使用 preg_grep 函数。

```php
<?php
$array = [
    12, 14.2, 3.14, 77, 7.89
];
// 返回所有包含浮点数的元素
$fl_array = preg_grep("/^(\d+)? \.\d+$/", $array);
var_dump($fl_array);
```

结果：

```
array(3) {
[1] =>
float(14.2)
[2] =>
float(3.14)
[4] =>
float(7.89)
}
```

该函数将返回满足匹配的数据数组，并且满足元素的 key 和原来的 input 数组是相同的。

6.3.2　函数 preg_match

preg_match——执行匹配正则表达式

语法：

preg_match(string $pattern, string $subject [, array & $matches]): int

参数：

$pattern——正则规则。

$subject——输入的字符串。

& $matches——如果提供了该参数，它将被填充为搜索结果。$matches[0] 将包含完整模式匹配到的文本，$matches[1] 将包含第一个捕获子组匹配到的文本。

返回值：

preg_match() 返回 pattern 的匹配次数。它的值将是 0 次（不匹配）或 1 次，因为 preg_match() 在第一次匹配后 将会停止搜索。

【例 6.12】使用 preg_match 函数。

```php
<?php
$pattern = "/<span>( . * )<\/span>/";
$fooStr = "<span>示例使用 preg_match 函数</span>";
preg_match($pattern, $fooStr,$matches);
var_dump($matches);
```

结果：

```
array(2) {
 [0]=>
 string(41) "<span>示例使用 preg_match 函数</span>"
 [1]=>
 string(28) "示例使用 preg_match 函数"
}
```

【注意】

该函数在匹配到满足条件的时候会停止匹配。

6.3.3　函数 preg_match_all

preg_match_all——执行一个全局正则表达式匹配

语法：

preg_match_all (string $pattern, string $subject [, array & $matches [, int $flags = PREG_PATTERN_ORDER [, int $offset = 0]]]) : int

参数：

$pattern——正则规则。

$subject——输入的字符串。

$matches——多维数组，作为输出参数输出所有匹配结果，数组排序通过 flags 指定。

$flags——可选值 PREG_PATTERN_ORDER, PREG_SET_ORDER, PREG_OFFSET_CAPTURE 三个中的一个，默认是 PREG_PATTERN_ORDER。

$offset——从目标字符串中指定位置开始搜索。

返回值：

返回完整匹配次数(可能是 0)，或者如果发生错误返回 FALSE。

【例 6.13】使用 preg_match_all 函数。

```php
<?php
$strFoo = "<div class=\"blurb\">
    <p>PHP is a popular general-purpose scripting language that is especially suited to web development.</p>
```

```
        <p>Fast，flexible and pragmatic，PHP powers everything from your blog to the most
popular websites in the world.</p>
    </div>"；
$pattern = "/<p>(.*)<\/p>/"；
$times = preg_match($pattern，$strFoo，$matches)；
$times1 = preg_match_all($pattern，$strFoo，$matches1)；
var_dump($times)；
var_dump($times1)；
//preg_match 返回 1 但是 preg_match_all 返回 2，课件 preg_match 在搜索到一次之后
就停止了检索
var_dump($matches)；
var_dump($matches1)；
//返回值也是一样，preg_match 值返回了一条，preg_match_all 返回了所有
```

结果：

```
    int(1)
    int(2)
    array(2) {
    [0]=>
    string(104) "<p>PHP is a popular general-purpose scripting language that is especially
suited to web development.</p>"
    [1]=>
    string(97) "PHP is a popular general-purpose scripting language that is especially suited to
web development."
    }
    array(2) {
    [0]=>
    array(2) {
      [0]=>
    string(104) "<p>PHP is a popular general-purpose scripting language that is especially
suited to web development.</p>"
      [1]=>
    string(116) "<p>Fast，flexible and pragmatic，PHP powers everything from your blog to
the most popular websites in the world.</p>"
      }
    [1]=>
    array(2) {
```

```
[0]=>
string(97) "PHP is a popular general-purpose scripting language that is especially suited
to web development."
[1]=>
string(109) "Fast, flexible and pragmatic, PHP powers everything from your blog to the
most popular websites in the world."
}
}
```

特别说明:preg_match preg_match_all 函数的区别在于 preg_match 匹配一次之后就会停止匹配,而 preg_match_all 则会继续匹配,一直到所有字符匹配完毕,才会停止。

6.3.4 函数 preg_replace

preg_replace——执行一个正则表达式的搜索和替换

语法:

preg_replace (mixed $pattern, mixed $replacement, mixed $subject [, int $limit = -1 [, int & $count]]): mixed

参数:

$pattern——正则规则。

$replacement——用于替换的字符串或字符串数组。如果这个参数是一个字符串,并且 pattern 是一个数组,那么所有模式都使用这个字符串进行替换。如果 pattern 和 replacement 都是数组,每个 pattern 使用 replacement 中对应的元素进行替换。

$subject——要进行搜索和替换的字符串或字符串数组。pattern 使用空字符串进行替换。

$Limit——每个模式在每个 subject 上进行替换的最大次数。

$Count——如果指定,将会被填充为完成的替换次数。

返回值:

如果 subject 是一个数组, preg_replace()返回一个数组,其他情况下返回一个字符串。如果发生错误,返回 NULL。

6.4 综合案例

最常见的案例,在 PHP 端对用户输入的用户名和密码进行校验来完成登录。

```php
// PHP 正则表达式的案例
$param = [
  "userName" => "admin",
  "passWord" => "123456",
]; # 预定义参数 方便测试 此处假设是 post 过来的数据
$param = $_POST? $_POST: $param;
// 设定传入的参数名,并把不允许的参数删除掉防止非法注入
$allowKey = ["userName", 'passWord', "captcha", "xsrf-Token"];
before($allowKey, $param);
$roleArr = [
  'userName' => "/^\w+$/",
  'passWord' => "/\w/",
];
// 遍历所有参数,查看是否对参数有正则匹配值
foreach ($param as $key => $item) {
  if (in_array($key, array_keys($roleArr))) {
    $res = validate($roleArr[$key], $item, $key);
    if ($res !== true) {
      die($res);
    }
  }
}

// do login....
echo json_encode(['msg' => '登录成功!']);
// 检验正则
function validate($pattern, $str, $name)
{
  if (preg_match($pattern, $str)) {
    return true;
  } else {
    $msg = sprintf("ERR: 输入的%s 错误", $name);
    return $msg;
  }
};

//传入的参数进行过滤
function before($allowKey, &$param)
{
  foreach ($param as $key => $item) {
```

```
        if (!in_array($key, $allowKey)) {
          unset($param[$key]);
        }
    }
}
```

本章小结

正则是对用户输入的字符校验的最有效的方法之一。它能对字符按照开发者的意愿进行匹配和筛选,是非常高效的检测方法之一,因其灵活性、逻辑性、功能性非常强,可以迅速地对字符串进行复杂的操作,因此被各语言广泛使用。但是对于初学者而言,正则表达式的门槛稍高,可能难以理解,但是多多练习便能领会其中的奥秘。在 PHP 中大多数情况下领会一个函数就够了,在绝大多数业务上是不需要那么复杂的正则函数。对于正则匹配,尤其要注意匹配次数,根据业务需求选择正确合适的函数,也能提高程序执行的效率,也能把握程序结果的正确性。

练习

试写出以下正则:

用户名:6~18 位,必须以字母开头,可以是数字,可以有符号"-_+=";

用户密码:6~20 位,可以是数字、字母和"-_";

用户邮箱地址:正确的邮箱地址即可。

试按要求匹配下列文本:

"PHP 正则表达式<>\" \'" 。匹配字符串中的字母,中文。

"PHP 是世界上最好的语言(绝对是)"。匹配 span 标签里面的内容。

写出能匹配"由数字、26 个英文字母或者下划线组成的字符串"的正则表达式。

第 **7** 章
数 组

7.1 数组的定义

数组,是一组有序的元素序列,是用来储存多个相同类型数据的集合。它是数据类型中较复杂的一种。比如,一个球队,球衣上的编号代表不同的人,不是用很多变量来存储不同的人,而是可以将整个球队存在一个数组里,能够很方便地通过编号找到人。

7.2 数组的申明

PHP 数组可以是一个键(key)对应一个值(value),可以由不同名的多个键和对应的值组成。键由字符串或者数字组成,如果键为数字,默认从 0 开始,可以不写。注意键是区分大小写的。PHP 数组定义如下:

(1)关键字 array 表示一个数组;

(2)如果是键值的形式,用等号大于符号(=>)来区分,键 key => 值 value,多个数据用英文逗号隔开;

(3)如果只有值,键省略不写,那多个值直接用英文逗号隔开。

【例 7.1】数组的申明。

```php
<?php
//定义一个空数组
$dataArr = array();
//定义一个省略 key 的数组,数组由苹果、香蕉、橙子组成
$fruitsArr = array("苹果", "香蕉", "橙子");//此处不写 key,等同于$fruitsArr =
array(0 => "苹果", 1 => "香蕉", 2 => "橙子");
```

```
    //定义一个有 key 的数组,用 apple 对应苹果,用 banana 对应香蕉,用 orange 对应
橙子
    $fruitsIndexArr = array("apple" => "苹果","banana" => "香蕉", "orange" => "
橙子");
    ?>
```

由上面总结:

(1)数组由键和值两部分组成,其中键可以不写;

(2)数组的键如果是默认从 0 开始自增 1,就可以不写;

(3)多个键名不能相同。

【思考】

如果有数组如下:

```
$testArr = array(
    "apple" => "苹果",
    10 => "香蕉",
    "橙子"
);
```

那么值为橙子的键是多少? 从 0 开始重新排序还是接着排到 11?

7.3　多维数组

7.3.1　一维数组

数组的值都是标量数据类型,这类数组为一维数组。一维数组只保存了一列内容。例 7.1 就是定义的一维数组。

7.3.2　多维数组

如果一个数组的值是一维数组,则这个数组为二维数组。

如果一个数组的值是二维数组,则这个数组为三维数组。

以此类推。

【例 7.2】二维数组的申明。

```
<?php
$foodArr = array(
    "肉类" => array("鸡","鱼","羊","牛"),
    "水果" => array("apple" => "苹果","banana" => "香蕉", "orange" => "橙
子"),
```

```
   "坚果" => array(4 => "山核桃","开心果",9 => "夏威夷果")
);
?>
```

7.4 数组的输出

7.4.1 数组的整体输出

数组的结构比较复杂,要想输出整个数组,通常使用以下两个函数:

1) print_r

语法:

```
print_r ( mixed $ expression [ , bool $ return = FALSE ]) : mixed
```

参数:

$expression——需要输出的变量。

$return——可以不写,默认为 FALSE,直接输出,如果为 TRUE,则返回信息,不直接输出。

返回值:

> 如果输入内容是 string、integer 或 float,会直接输出值本身。
>
> 如果输入内容是 array,展示的格式会显示数组的键和包含的元素。
>
> object 也类似。
>
> 当 return 参数设置成 TRUE,本函数会返回 string 格式,否则返回 TRUE。

【例 7.3】数组的打印 print_r( )。

```php
<?php
//定义一个省略 key 的数组,数组由苹果,香蕉,橙子组成
$fruitsArr = array("苹果", "香蕉", "橙子");
print_r($fruitsArr);
?>
```

结果:

```
Array ([0] => 苹果 [1] => 香蕉 [2] => 橙子)
```

使用 print_r( )函数在浏览器输出后,这样的一行一行地显示,看不出结构。可以在浏览器单击右键,选择查看页面源代码。

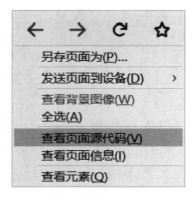

图 7.1

这样就会看到如图 7.2 所示的格式化数组,方便查看数组的结构。

```
Array
(
    [0] => 苹果
    [1] => 香蕉
    [2] => 橙子
)
```

图 7.2

2) var_dump

此函数显示关于一个或多个表达式的结构信息,包括表达式的类型与值。数组将递归展开值,通过缩进显示其结构。

语法:

var_dump (mixed $ expression [, mixed $ …]) : void

参数:

$ expression——需要输出的变量,如果需要打印多个,直接用英文逗号分隔。

返回值:

没有返回值

【例 7.4】数组的打印 var_dump( )。

```php
<?php
//定义一个省略 key 的数组,数组由苹果,香蕉,橙子组成
$fruitsArr = array("苹果", "香蕉", "橙子");
var_dump($fruitsArr);
?>
```

结果:

array(3) { [0] => string(6) "苹果" [1] => string(6) "香蕉" [2] => string(6) "橙子" }

此函数不只是输出内部结构,还能将每个值的类型、长度输出,如果输出的东西太长,中间直接显示省略号。

7.4.2 数组的获取

数组的值都是对应了键名的,有些可以省略,但用 print_r 或者 var_dump 打印的时候,每个值都是有对应的键名的。

一维数组用法:

> 数组变量名[键名]

二维数组用法:

> 数组变量名[键名][键名]

依次类推。

【例 7.5】定义了一个一维数据,在页面输出"香蕉"。

```php
<?php
//定义一个省略 key 的数组,数组由苹果,香蕉,橙子组成
$fruitsArr = array("苹果","香蕉","橙子");
//从例 7.3 可知,香蕉的 key 是 1
echo $fruitsArr[1];
?>
```

结果:

> 香蕉

【例 7.6】定义了一个二维数据,在页面输出"香蕉"。

```php
<?php
$foodArr = array(
    "肉类" => array("鸡","鱼","羊","牛"),
    "水果" => array("apple" => "苹果","banana" => "香蕉","orange" => "橙子"),
    "坚果" => array(4 => "山核桃","开心果",9 => "夏威夷果")
);
//根据例 7.2 的结果,知道了整个数组的结构
echo $foodArr['水果'][' banana '];
?>
```

结果:

> 香蕉

获取数组的键名:

array_keys——此函数返回数组中部分或所有的键名。

语法：

array_keys (array $array [, mixed $search_value = null [, bool $strict = false]]) : array

参数：

$array——指定的数组；

$search_value——如果指定了这个参数,只有包含这些值的键才会返回；

$strict——判断在搜索的时候是否该使用严格的比较(= = =)。

返回值：

以数组的形式返回指定数组的键。

【例 7.7】获取数组所有的键名以及香蕉的键名。

```php
<?php
//定义数组
$fruitsIndexArr = array("apple" => "苹果","banana" => "香蕉", "orange" => "橙子");
//返回整个数组的键名
$keysArr = array_keys($fruitsIndexArr);
print_r($keysArr);
//换行
echo "<br>";
//获取香蕉的键名
$bananaKeyArr = array_keys($fruitsIndexArr,'香蕉');
print_r($bananaKeyArr);
?>
```

结果：

Array ([0] => apple [1] => banana [2] => orange)
Array ([0] => banana)

7.5 数组的遍历

数组是一个集合,要想将一个数组的每个元素都获取到或者将某个元素拿出来操作,则需要使用到遍历。通常使用函数 for 或者 foreach 来遍历数组。

一般 key 是按顺序的整型数组或对遍历的数组有更改,使用函数 for 来操作。而对遍历的数组不作更改或者其他操作,一般使用函数 foreach。

【例 7.8】用函数 for 遍历数组的输出值。

```php
<?php
//定义一个省略 key 的数组,数组由苹果,香蕉,橙子组成
$fruitsIndexArr = array("苹果","香蕉","橙子");
//遍历数组,count 函数是统计数组的个数
for ($i = 0; $i <= count($fruitsIndexArr)-1; $i++){
    //输出值
    echo $fruitsIndexArr[$i];
    //换行
    echo "<br>";
}
?>
```

结果:

```
苹果
香蕉
橙子
```

【例 7.9】用函数 foreach 遍历数组并输出键和值。

```php
<?php
//定义数组
$fruitsIndexArr = array("apple" => "苹果","banana" => "香蕉", "orange" => "橙子");
//遍历数组
foreach ($fruitsIndexArr as $key => $fruit){
    echo "key:".$key."===value:".$fruit;
    echo "<br>";
}
?>
```

结果:

```
key:apple===value:苹果
key:banana===value:香蕉
key:orange===value:橙子
```

7.6　数组的删除

7.6.1　删除数组元素 unset

删除数组使用 unset 函数。

【例 7.10】删除数组。

```php
<?php
$fruitsArr = array("苹果","香蕉","orange" => "橙子");
unset($fruitsArr[0]);
print_r($fruitsArr);
echo "<br>";
unset($fruitsArr['orange']);
print_r($fruitsArr);
?>
```

结果：

```
Array ([1] => 香蕉 [orange] => 橙子)
Array ([1] => 香蕉)
```

删除后的数组,键 key 从 1 开始,如果需要对 key 重新排序,则使用函数 array_values,详细用法请看 7.9.1。

7.6.2　删除数组末尾元素 array_pop

array_pop——弹出并返回 array 数组的最后一个单元,并将数组 array 的长度减 1。

语法：

array_pop(array & $array)：mixed

参数：

$expression——需要处理的数组。

返回值：

返回 array 的最后一个值。如果 array 是空(如果不是一个数组),将会返回 NULL。

【例 7.11】数组的打印 print_r( )。

```php
<?php
$fruitsArr = array("苹果", "香蕉", "orange" => "橙子");
//将数组的最后一个元素弹出
$last = array_pop($fruitsArr);
echo "最后的元素是:".$last;
echo "<br>";
print_r($fruitsArr);
?>
```

结果:

```
最后的元素是:橙子
Array ([0] => 苹果 [1] => 香蕉)
```

7.7　数组的修改

7.7.1　数组追加元素

对于不需要指定键名的数组,可以直接加[]在变量后,再赋值,会默认给键值数字加 1。如需要指定键名,直接添加即可。

【例 7.12】在数组后面添加新元素。

```php
<?php
$fruitsArr = array("苹果", "香蕉", "orange" => "橙子");
$fruitsArr[] = "草莓";
print_r($fruitsArr);
echo "<br>";
$fruitsArr['watermelon'] = "西瓜";
print_r($fruitsArr);
?>
```

结果:

```
Array ([0] => 苹果 [1] => 香蕉 [orange] => 橙子 [2] => 草莓)
Array ([0] => 苹果 [1] => 香蕉 [orange] => 橙子 [2] => 草莓 [watermelon] => 西瓜)
```

7.7.2　末尾追加元素 array_push

array_push——将 array 当成一个栈,并将传入的变量压入 array 的末尾。array 的长度将根据入栈变量的数目增加。

语法:

array_push（array & $array, mixed $value1 [, mixed $...]）: int

参数:

$array——输入的数组。

$value1——压入数组的第一个值。

多个值在后面接着加参数。

返回值:

返回处理之后数组的元素个数。

【例 7.13】用函数 array_push 在数组后面追加元素。

```php
<?php
$fruitsArr = array("苹果", "香蕉", "orange" => "橙子");
$count = array_push($fruitsArr,"草莓");
echo "Push 后数组的个数是:".$count;
echo "<br>";
print_r($fruitsArr);
?>
```

结果:

Push 后数组的个数是:4
Array（[0] => 苹果 [1] => 香蕉 [orange] => 橙子 [2] => 草莓）

7.8　数组与字符串的转换

7.8.1　数组转成字符串 implode

implode——将一个一维数组的值转换为字符串。

语法:

implode（string $glue, array $pieces）: string

参数：

$glue——作为字符串的连接，默认为空。

$pieces——需要转换的数组。

返回值：

返回一个字符串，其内容为由 glue 分割开的数组的值。

【例 7.14】将数组转换成用"and"连接的字符串。

```php
<?php
$whereArr = array();
$whereArr[] = "status = 1";
$whereArr[] = "id = 5";
$whereArr[] = "name like '%liu%'";
echo "数组:<br>";
print_r($whereArr);
echo "<br>转换成 and 连接的字符串:<br>";
$whereStr = implode(" and ", $whereArr);
echo $whereStr;
?>
```

结果：

数组：

Array ([0] => status = 1 [1] => id = 5 [2] => name like '%liu%')

转换成 and 连接的字符串：

status = 1 and id = 5 and name like '%liu%'

7.8.2　字符串分割成数组 explode

explode——使用一个字符串分割另一个字符串为数组。

语法：

explode (string $delimiter, string $string [, int $limit]): array

参数：

$delimiter——作为字符串的连接，默认为空。

$string——需要转换的数组。

$limit——如果设置了 limit 参数并且是正数，则返回的数组包含最多 limit 个元素，而最后那个元素将包含 string 的剩余部分。

如果 limit 参数是负数，则返回除了最后的 -limit 个元素外的所有元素。

如果 limit 是 0,则会被当作 1。

返回值：

> 此函数返回由字符串组成的 array，每个元素都是 string 的一个子串，它们被字符串 delimiter 作为边界点分割出来。

【例 7.15】将字符串分割成数组。

```php
<?php
$fruitsStr = "苹果,梨,香蕉,橙子,草莓,西瓜";
//用逗号分割字段串,将内容放进数组
$fruitsArr = explode(",",$fruitsStr);
print_r($fruitsArr);
?>
```

结果：

> Array（[0] => 苹果 [1] => 梨 [2] => 香蕉 [3] => 橙子 [4] => 草莓 [5] => 西瓜）

7.9 数组的常用函数

7.9.1 键值重新排序 array_values

array_values——返回数组中所有的值并给其建立数字索引。

语法：

array_values（array $array）：array

参数：

$array——处理的数组。

返回值：

> 返回含所有值的索引数组。

【例 7.16】将删除部分元素的数组重新按数字键排序。

```php
<?php
$fruitsArr = array("苹果", "香蕉", "orange" => "橙子");
unset($fruitsArr[0]);
$newArr = array_values($fruitsArr);
echo "原来的数组没有改变:<br>";
```

```
print_r($fruitsArr);
echo "<br>返回新的数组:<br>";
print_r($newArr);
?>
```

结果:

```
原来的数组没有改变:
Array([1] => 香蕉[orange] => 橙子)
返回新的数组:
Array([0] => 香蕉[1] => 橙子)
```

7.9.2 数组个数 count

count——计算数组中的单元数目,或对象中的属性个数。

语法:

count(mixed $array_or_countable [, int $mode = COUNT_NORMAL]): int

参数:

$array_or_countable——数组或者 Countable 对象。

$mode——如果可选的 mode 参数设为 COUNT_RECURSIVE(或 1),count() 将递归地对数组计数,对计算多维数组的所有单元尤其有用。

返回值:

返回 array_or_countable 中的单元数目。

如果参数既不是数组,也不是实现 Countable 接口的对象,将返回 1。

有个例外:如果 array_or_countable 是 NULL 则结果是 0。

【例 7.17】用 count 计算一维数组个数。

```
<?php
$fruitsArr = array("苹果","香蕉","orange" => "橙子");
echo count($fruitsArr);
?>
```

结果:

```
3
```

【例 7.18】用 count 计算二维数组所有元素个数。

```php
<?php
$foodArr = array(
    "肉类" => array("鸡","鱼","羊","牛"),
    "水果" => array("apple" => "苹果","banana" => "香蕉", "orange" => "橙子"),
    "坚果" => array(4 => "山核桃","开心果",9 => "夏威夷果")
);
echo count($foodArr);
echo "<br>";
echo count($foodArr,1);
?>
```

结果:

```
3
13
```

7.9.3　数组排序 sort

sort——对数组排序,当本函数结束时,数组单元将从最低到最高重新安排。

语法:

sort (array & $array [, int $sort_flags = SORT_REGULAR]): bool

参数:

$array——要排序的数组。

$sort_flags——可选的第二个参数 sort_flags。可以用以下值改变排序的行为:

排序类型标记:

SORT_REGULAR——正常比较单元(不改变类型)。

SORT_NUMERIC——单元被作为数字来比较。

SORT_STRING——单元被作为字符串来比较。

SORT_LOCALE_STRING——根据当前的区域(locale)设置来把单元当作字符串比较,可以用 setlocale() 来改变。

SORT_NATURAL——和 natsort() 类似对每个单元以"自然的顺序"对字符串进行排序。PHP 5.4.0 中是新增的。

SORT_FLAG_CASE——能够与 SORT_STRING 或 SORT_NATURAL 合并(OR 位运算),不区分大小写排序字符串。

返回值:

成功时返回 TRUE, 失败时返回 FALSE。

【例 7.19】对数组的值按升序排列。

```php
<?php
$numArr = array(3,45,4,23,54,67,7,8,1,9);
sort($numArr);
print_r($numArr);
?>
```

结果：

```
Array ([0] => 1 [1] => 3 [2] => 4 [3] => 7 [4] => 8 [5] => 9 [6] => 23 [7]
=> 45 [8] => 54 [9] => 67)
```

数组的排序还有很多：

sort()——以升序对数组排序。

rsort()——以降序对数组排序。

asort()——根据值，以升序对关联数组进行排序。

ksort()——根据键，以升序对关联数组进行排序。

arsort()——根据值，以降序对关联数组进行排序。

krsort()——根据键，以降序对关联数组进行排序。

这里就不一一举例了，可以结合 PHP 手册，自行举例测试效果。

7.9.4　是否存在于数组 in_array

in_array——检查数组中是否存在某个值。

语法：

in_array(mixed $needle, array $haystack [, bool $strict = FALSE]): bool

参数：

$needle——搜索的值。

$haystack——待搜索的数组。

$strict——如果第三个参数 strict 的值为 TRUE，则 in_array() 函数还会检查，needle 的类型是否和 haystack 中的相同。

返回值：

成功时返回 TRUE，或者在失败时返回 FALSE。

【例 7.20】判断"橙子"是否在数组里。

```php
<?php
$fruitsArr = array("苹果","香蕉","orange" => "橙子","西瓜");
if (in_array("橙子",$fruitsArr)){
    echo "在数组里";
} else {
    echo "不在数组里";
}
?>
```

结果：

> 在数组里。

7.9.5 数组去重 array_unique

array_unique——移除数组中重复的值。

语法：

array_unique（array $array [, int $sort_flags = SORT_STRING]）: array

参数：

$array——要排序的数组。
$sort_flags——可选的第二个参数 sort_flags。可以用以下值改变排序的行为：
  排序类型标记：
    SORT_REGULAR——按照通常方法比较(不修改类型)。
    SORT_NUMERIC——按照数字形式比较。
    SORT_STRING——按照字符串形式比较。
    SORT_LOCALE_STRING——根据当前的本地化设置,按照字符串比较。

返回值：

> 返回过滤后的数组。

【例 7.21】去除数组重复的值。

```php
<?php
$fruitsArr = array("a" => "apples","grapes","b" => "banana","apples",
"oranges");
$newArr = array_unique($fruitsArr);
print_r($newArr);
?>
```

结果：

> Array（［a］=> apples［0］=> grapes［b］=> banana［2］=> oranges）

7.9.6　打乱数组 shuffle

shuffle——打乱数组。

语法：

shuffle（array & $array）：bool

参数：

$array——需要被打乱的数组。

返回值：

成功时返回 TRUE，或者在失败时返回 FALSE。

【例 7.22】去除数组重复的值。

```php
<?php
$numArr = array(1,2,3,4,5,6,7,8,9,10);
shuffle($numArr);
print_r($numArr);
?>
```

结果：

> Array（［0］=> 7［1］=> 1［2］=> 3［3］=> 9［4］=> 10［5］=> 6［6］=> 5［7］=> 8［8］=> 4［9］=> 2）

结果不是唯一的，随机排列元素的顺序，只需要验证是否被打乱。

7.9.7　查找数组 array_search

array_search——在数组中搜索给定的值，如果成功，则返回首个相应的键名。

语法：

array_search（mixed $needle，array $haystack［，bool $strict = false］）：mixed

参数：

$needle——搜索的值。

$haystack——这个数组。

$strict——如果可选的第三个参数 strict 为 TRUE，则 array_search（）将在 haystack 中检查完全相同的元素。

这意味着同样严格比较 haystack 里 needle 的 类型,并且对象需是同一个实例。

返回值:

> 如果找到了则返回它的首个键,否则返回 FALSE。

【例 7.23】查找数组值为"橙子"的值。

```php
<?php
$fruitsArr = array("苹果", "香蕉", "orange" => "橙子", "西瓜", "橙子");
$key = array_search("橙子", $fruitsArr);
echo $key;
?>
```

结果:

> orange

如果没搜索到结果,应使用 === 运算符来判断此函数的返回值。

7.9.8 数组的差集 array_diff

array_diff——计算数组的差集,对比第 1 个参数数组和其他 1 个或者多个数组,返回在第 1 个参数数组中但是不在其他数组里的值。

语法:

> array_diff (array $array1, array $array2 [, array $...]) : array

参数:

> $array1——要被对比的数组。
>
> array2——和这个数组进行比较。
>
> ...——更多相比较的数组。

返回值:

> 返回一个数组,该数组包括了所有在 array1 中但是不在任何其他参数数组中的值。

【注意】

键名保留不变。

【例 7.24】查找两个数组的不同。

```php
<?php
$fruitsArr = array("苹果", "香蕉", "orange" => "橙子", "西瓜");
$otherArr = array("香蕉", "西瓜");
$diffArr = array_diff($fruitsArr, $otherArr);
print_r($diffArr);
?>
```

结果：

> Array（[0] => 苹果 [orange] => 橙子）

【注意】

返回的数组保留了原来的键名。

7.9.9 合并数组 array_merge

> array_merge——合并一个或多个数组，将一个或多个数组的单元合并起来，一个数组中的值附加在前一个数组的后面。

语法：

> array_merge（array $array1 [, array $...]）: array

参数：

> $array1——要合并的第一个数组。
>
> ...——更多要合并的数组。

返回值：

> 返回一个合并后的数组。

【例 7.25】合并两个数组。

```php
<?php
$fruitsArr = array("苹果", "香蕉", "orange" => "橙子", "西瓜");
$otherArr = array("香蕉", "西瓜", "菠萝");
$mergeArr = array_merge($fruitsArr, $otherArr);
print_r($mergeArr);
?>
```

结果：

> Array（[0] => 苹果 [1] => 香蕉 [orange] => 橙子 [2] => 西瓜 [3] => 香蕉 [4] => 西瓜 [5] => 菠萝）

【注意】

后面合并的数组尽管值一样，但是没有替换掉，是因为合并后的数组会对键重新排序。

本章小结

PHP 是弱类型的语言，并不要求数据类型固定，变量的类型由存入的数据类型决定，同样的，PHP 的数组不需要预定义数组的维度、长度和数据类型，而是存在以下特点：

（1）数组元素的数据类型不固定,由存入的数据类型决定,如存入整型数据,该数组元素即为整型。

（2）数组的长度不需要预定义,理论上长度不受限制,实际应用中取决于内存的容量。

（3）数组的维度不需要预定义,可以根据需要存取。

本章涉及的数组函数特别多,需要多多练习,熟练掌握。特别是数组的结构,数组的遍历,多维数组的遍历等,一步一步巩固基础。希望能够举一反三,灵活应用。

练习

1.声明一个一维数组和一个二维数组,将两个数组合并后,再对合并后的数组遍历。

2.练习数组的 sort 以及其他排序。

3.练习数组与字符串的转换。

4.至少记住 6 个以上的数组函数并熟练掌握。

第 8 章
表单交互

8.1　表单

在作者看来,表单是一种能够向服务器提交数据的 HTML 元素,是一种很常见的 HTML 网页内容。比如我们经常见到的搜索框,如百度搜索框、淘宝搜索框、京东搜索框等。通过表单,我们可以在网页中填写一些内容。单击表单中的提交按钮就可以将表单的数据发送到指定的服务器。

8.1.1　表单创建

【例 8.1】创建一个简单的表单。

```
<form>
　账号<input type = " text" name = " account" />
　密码<input type = " password" name = " password" />
　<input type = " submit" name = " submit" value = " 登录" />
</form>
```

运行结果如图 8.1 所示。

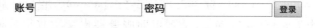

图 8.1

在例 8.1 中,我们看到创建表单需要两个特殊的标签:<form></form>标签。这对标签是标准的 HTML 标签。<form>标签中还包含<input>标签,它们共同组成了我们所需要的表单。大家可以试着把<input>标签写在<form>标签的外侧看一看,单击提交按钮看看表单外<input/>中的内容是否还会被正确提交。

8.1.2 表单元素

表单之所以能够呈现不同的格式,例如注册表单、登录表单、搜索框等,都是因为表单的不同元素组成了表单的特殊格式。为了收集不同的数据,根据数据量的大小和数据的类型等,表单可以提供多种元素来完成。

1) 文本框

首先来给大家说一下我们最常见的文本框。文本框通常用来收集少量的文本内容,如搜索关键词、用户账号、用户昵称等字符较少的数据。文本框的代码,如例 8.2 所示。

【例 8.2】文本框的使用。

```
<input type="text" name="account" value="文本框的值" />
```

运行结果如图 8.2 所示。

文本框的值

图 8.2

例中 type、name、value 是<input>标签的常用属性,text 是 type 属性的值,文本框专用,不可更改。account 是 name 属性的值,是表单向服务器提交所收集数据的变量名称,可以根据需求自定义,将随数据一起被提交到服务器。"文本框的值"是 value 属性的值,是文本框的默认值,常用来提示用户文本框中可以填写的内容,或用户没有添加任何内容时,默认提交到服务器的内容。

2) 密码框

密码框通常在用户注册或用户登录时用到,通常用来收集明文密码的内容。密码框元素如例 8.3 所示。

【例 8.3】密码框的使用。

```
<input type="password" name="mypwd" value="">
```

运行结果如图 8.3 所示。

••••••••

图 8.3

例中 type、name、value 是<input>标签的常用属性,password 是 type 属性的值,密码框专用,不可更改。mypwd 是 name 属性的值,是表单向服务器提交所收集数据的变量名称,可以根据需求自定义,将随数据一起被提交到服务器。该例中 value 属性值默认为空。如果用户添加密码,那么用户所添加的密码内容将作为 value 属性的值被提交到服务器。

3) 隐藏域

隐藏域元素,通常用来向服务器提交一些网页上不需要被用户看到的内容,由网页制作者预先设置好隐藏域的内容,例如表单的编号、使用次数等信息。隐藏域元素如例 8.4 所示。

【例 8.4】使用隐藏域。

```
<input type="hidden" name="id" value="8" />
```

运行结果如图 8.4 所示。

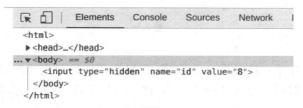

图 8.4

例中 type、name、value 是<input>标签的常用属性，hidden 是 type 属性的值，隐藏域专用，不可更改。id 是 name 属性的值，是表单向服务器提交所收集数据的变量名称，可以根据需求自定义，将随数据一起被提交到服务器。该例中 value 属性值由网页制作者设置，用来提交不需要用户看到的数据。

4) 复选框

表单中需要同时提供多个选项给用户选择的时候，我们就需要用到复选框。比如我们需要收集用户的一些爱好，如爬山、健身、游泳、听歌、读书、看电影等。创建复选框元素如例 8.5 所示。

【例 8.5】使用复选框。

```
<input type="checkbox" name="pashan" value="1">爬山
<input type="checkbox" name="tingge" value="2">听歌
<input type="checkbox" name="kandianying" value="3">看电影
<input type="checkbox" name="dushu" value="4">读书
```

运行结果如图 8.5 所示。

☑爬山 ☐听歌 ☑看电影 ☐读书

图 8.5

例中 type、name、value 是<input>标签的常用属性，checkbox 是 type 属性的值，复选框专用，不可更改。name 属性定义复选框的名称，要保证数据的准确采集，必须定义一个独一无二的名称，如例 8.5 中所示。在开发过程中，也有一些特殊的情况，我们也可以如例 8.6 一样定义复选框的名称。

【例 8.6】name 相同时的复选框。

```
<input type="checkbox" name="aihao[ ]" value="1">爬山
<input type="checkbox" name="aihao[ ]" value="2">听歌
<input type="checkbox" name="aihao[ ]" value="3">看电影
<input type="checkbox" name="aihao[ ]" value="4">读书
```

运行结果和例 8.5 相同。这样定义,服务器端接收到的复选框的数据会是一个数组。value 属性会将用户选中的数据采集到服务器,如图 8.6 所示。

☑ 爬山 ☐ 听歌 ☑ 看电影 ☐ 读书

图 8.6

5)单选框

单选框通常用来让用户选择唯一的答案,例如选择性别只有选男或女,或未知这样唯一确定性的答案。单选框通常以组的形式出现,这一组的单选按钮,名称必须一致,否则无法实现单选效果。单选框元素代码如例 8.7,运行结果如图 8.7 所示。

【例 8.7】使用单选框。

```
<input type="radio" name="gender" value="男" />男
<input type="radio" name="gender" value="女" />女
<input type="radio" name="gender" value="未知" />未知
```

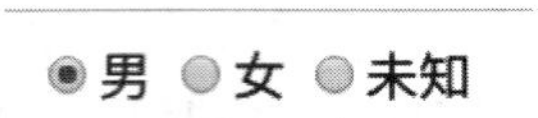

◉男 ○女 ○未知

图 8.7

如例 8.7 代码所示,单选框也是由 input 标签来实现的。其中,value 属性的值为 radio,不可更改,name 属性的值由开发者设定,会随着表单一起提交到服务器。大家可以试着改变 name 属性的值,使每个单选框 name 的值都不同,看一看表单提交之后的效果。

6)文本域

文本域又叫多行文本框,可以让用户输入多行文本,例如文章简介等一些信息。文本域和文本框都可以让用户输入文本,区别在于文本域可以让用户输入更多的文本,代码形式也略有不同。文本域元素的使用方法如例 8.8 所示。

【例 8.8】使用文本域。

```
<textarea name="descript" cols="20" rows="2"></textarea>
```

运行结果如图 8.8 所示。

请输入多行文字....

图 8.8

大家从例中可以看出文本域使用了<textarea></textarea>标签,该标签是成对出现的,并且没有 value 属性。name 属性同样是文本域收集数据提交到服务器的变量名称,由开发者来设定。cols 属性定义多行文本框的宽度,单位是单个字符宽度。rows 属性定义多行文本框的高度,单位是单个字符宽度。

　　7)文件域

　　文件域又叫文件上传框,可以让用户上传一些文件,例如图片类型的文件、文本类型的文件、表格、word 文档、应用文件等。使用文件域有一个特殊的要求,那就是表单的传输方式必须设置为 post,表单标签中必须设置 enctype = "multipart/form-data"来确保文件被正确编码。文件域元素的使用方法如例 8.9 所示。

　　【例 8.9】使用文域。

<form method = "post" enctype = "multipart/form-data">
<input type = "file" name = "myfile" />
</form>

　　运行结果如图 8.9 所示。

图 8.9

　　运行例可以看到,有一个文件上传的按钮出现,单击该按钮弹出文件夹选择文件,待上传的文件地址将被保留在表单中。name 属性可以用来设定服务器接收数据的变量名。

　　8)下拉选择框

　　下拉选择框允许用户在一个有限的空间设置多种选项。例如地址信息,我们可以选择省市区等,而这种情况我们通常就可以使用下拉选择框。下拉选择框的元素设置方法如例 8.10 所示。

　　【例 8.10】使用下拉选择框。

<select name = "area">
<option value = "0">请选择区域</option>
<option value = "1">南岸区</option>
<option value = "2">巴南区</option>
<option value = "3">渝北区</option>
<option value = "4">九龙坡区</option>
</select>

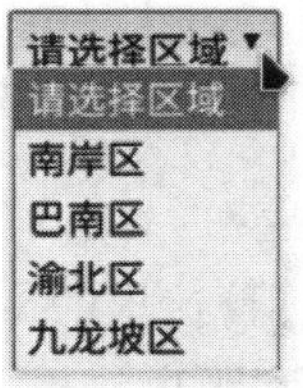

运行结果如图 8.10 所示。

图 8.10

　　从案例中我们可以看出下拉选择框是由<select>标签表示的,整个下拉选择框分成了两部分,一部分是命名标签<select>,另一部分是取值标签<option>。<select>标签里面有 name 属性用来设置提交服务器数据的变量名称,下拉选框的数值由<option>标签里面的 value 属性来提供。<option>标签必须写在<select>标签里面,作为下拉选项。

　　9)表单按钮

　　以上介绍的表单元素能够共同使用以组成表单所需要的各项内容,而如果想要提交表单的数据,则需要使用到一些按钮,其中最重要的就是提交按钮。下面将介绍表单中经常用到的三种按钮:提交按钮、重置按钮和图片按钮。

（1）提交按钮。

提交按钮能够将表单的数据内容提交到<form>标签 action 属性值指定的地址。具体的使用方法请看例 8.11。

【例 8.11】使用提交按钮。

```
<form action="8-11.php" >
搜索<input type="text" name="key" value="" />
<input type="submit" name="submit" value="搜索" />
</form>
```

运行结果如图 8.11 所示。

图 8.11

大家在运行例 8.11 的时候需要注意到，当我们用鼠标左键单击搜索按钮的时候应该注意浏览器地址栏的变化。

（2）图片按钮。

图片按钮和提交按钮，一样都是可以把表单的数据提交到指定的地址，唯一的区别就是图片按钮是以图片的形式出现的按钮，而提交按钮就是一种自定义提示文字的提交按钮。如果 type 属性设置为 image，当用户单击图像时，浏览器将以像素为单位，将鼠标相对于图像边界的偏移量发送到服务器，其中包括从图像左边界开始的水平偏移量，以及从图像上边界开始的垂直偏移量，如例 8.12 所示。

【例 8.12】使图片按钮实现提交。

```
<form action="8-12.php" >
搜索<input type="text" name="key" value="" />
<input type="image" src="image/submit.jpg" alt="submit" />
</form>
```

例 8.12 运行结果如图 8.12 所示。

图 8.12

从运行结果中，大家可以看到浏览器地址栏的变化其中多了个 x 和 y 的数值，这里的 x 和 y 就是鼠标在单击图片提交按钮的时候，鼠标位置相对于图片左边和上边的像素距离。

（3）重置按钮。

重置按钮具有清空表单数据的作用，单击重置按钮以后，表单中添加的各种数据将被清空。<input>标签 type 属性的值为 reset 的时候，该按钮即为重置按钮。

8.1.3　Web **中嵌套** PHP

有的时候我们需要使用服务器端语言 PHP 向 HTML 网页输出一些数据,此时就需要我们在 HTML 网页中写一些 PHP 的代码。大家都已经知道使用 echo 可以向浏览器输出字符串。在 Web 中嵌套 PHP 效果是一样的,只是把 HTML 的内容和 PHP 代码一起写到同一个 PHP 文件里面。

【**例** 8.13】PHP 嵌套。

```php
<?php
echo '<form>
账号<input type="text" name="account" />
密码<input type="password" name="password" />
<input type="submit" name="submit" value="登录" />
</form>';
?>
```

运行结果如图 8.13 所示。

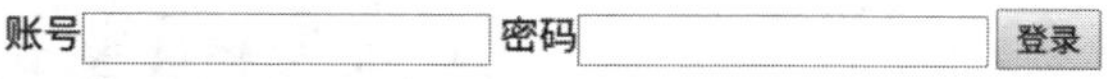

账号 [＿＿＿＿＿]　密码 [＿＿＿＿＿]　[登录]

图 8.13

大家能够发现图 8.13 的运行结果和图 8.1 的运行结果是一模一样的。对比例 8.13 和例 8.1 的代码可以发现,例 8.1 是 HTML 的代码,而例 8.13 是使用 PHP 输出的 HTML 代码。可见 HTML 代码对于 PHP 来说只是一段字符串,只不过这段字符串是可以被浏览器直接解析的 HTML 代码。有的同学会问,这样的代码可以直接写在 HTML 文件里吗?答案是不可以的,这样的代码只能写在 PHP 文件里面,也就是后缀为.php 的文件,而不能写在后缀为.html 的文件里面。如果写在 HTML 文件里面,那 PHP 代码将不会被解释为 HTML,会直接输出到浏览器里面。

【**例** 8.14】PHP 嵌套。

```php
<form>
账号<input type="text" name="account" value="<?php echo '使用 php 来设置的默认值';?>" />
密码<input type="password" name="password" />
<input type="submit" name="submit" value="登录" />
</form>
<br/>
<?php $str = "可以在任何位置嵌套 php 的内容,可以赋值,可以输出,可以循环";
echo $str;?>
```

运行结果如图 8.14 所示。

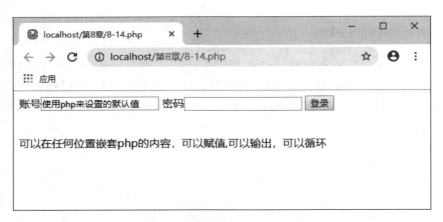

图 8.14

大家从运行结果中不难看出，Web 中要嵌套 PHP，只需要把 PHP 的起始和结束标记写在 Web 中就可以被解释。

8.2 表单提交与 PHP 获取

从以上章节能够看出，表单都是由浏览器呈现的，那么服务器端用来做什么呢？这里要说一下浏览器和服务器的主要功能。Web 服务器通常都有固定的 IP 地址和永久域名，Web 应用程序只需要部署在 Web 服务器上（应用程序可以是 HTML 文件或 ASP 、PHP 等脚本文件），用户只需要安装 Web 浏览器，就可以浏览所有的网站内容。Web 浏览器和 Web 服务器之间使用 HTTP 协议进行通信，所以通常在输入网址的时候，都是 http：//xxxx.cn 等。这里的"http：//"表示协议名称，"xxxx.cn"是浏览器请求服务器的域名，在域名后面再加上/xxx.php 脚本文件名，就可以准确访问到要请求的脚本文件。

Web 服务器的主要功能包括：

（1）存放 Web 应用程序，接受用户申请的服务。

（2）如果用户申请浏览 PHP 脚本，则 Web 服务器会对脚本进行解析，生成对应的临时 HTML 文件。如果脚本需要访问数据库，则将 sql 语句传送到数据库服务器，并接收查询结果。

（3）将 HTML 文件传送到 Web 浏览器。

Web 浏览器的主要功能如下：

（1）由用户向指定的 Web 服务器申请服务，申请服务时需要指定 Web 服务器的域名或 IP 地址，以及要浏览的 HTML 文件或 PHP 等脚本文件。

（2）从 Web 服务器下载申请的 HTML 文件。

（3）解析并显示 HTML 文件，用户可以通过 Web 浏览器申请指定的 Web 服务器。

<form>标签的 action 属性可以确定点击提交按钮时表单请求服务器的地址。

表单提交数据到服务器的方式有两种，分别是 get 和 post。本节将分别介绍 get 方式提交数据和 post 的方式提交数据，以及 PHP 获取数据。

8.2.1　get **提交与**$_GET

使用 get 的方式提交数据,会把表单里面所有的数据呈现在浏览器的地址栏里。

【例 8.15】使用 get 提交方式。

```
<form action="8-15.php" method="get">
<input type="text" name="account" value="yourdata" />
<input type="submit" name="mysubmit" value="submitbutton" />
</form>
<?php
var_dump($_GET);
?>
```

单击表单的提交按钮,表单中的数据将会出现在浏览器地址栏里面。运行结果如图 8.15 所示。

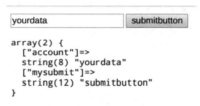

图 8.15

地址栏里出现

http://localhost/第 8 章/8-15.php?　account=yourdata&mysubmit=submitbutton

这里需要注意的是,浏览器地址栏里面的地址"http://"是传输协议,"localhost"是域名,"第 8 章"是脚本文件路径,"8-15.php"是被请求的服务器脚本文件,"?"后面所有的内容都是表单提交的变量和对应的数据。

从这个案例中大家可以看出,表单请求服务器地址是由 action 属性来设置的。当 action 属性的值设置为空的时候默认为提交到当前脚本文件地址。当 action 属性的值设置为只有脚本文件名称的时候,表示请求的脚本文件与当前脚本文件在服务器同级目录下。例如我们将表单的数据提交到 8-15.php,就可以将 action 属性的值设置成"8-15.php"。接收表单 get 方式提交的数据需要使用 PHP 的全局变量$_GET。这个变量在没有接收到表单数据的时候是一个空数组,当接收到表单数据的时候,表单元素 name 属性值为 key,表单元素 value 属性的值为 value。这里大家可以自己运行一下案例代码,并研究运行结果。

8.2.2　post **提交与**$_POST

post 提交表单数据的结果不会出现在浏览器地址栏里,通过设置表单编码 post 方式可以用来提交文件。表单的 get 方式不能用来提交文件。从这里我们可以看出,post 方式提交表单数据更隐秘,可以支持的数据格式更多,而 get 方式只能通过浏览器地址栏提交少量的数据。post 的方式提交数据使用 php 全局变量$_POST 来接收。$_POST 这个变量在没有接收到表单数据的时候是一个空数组,当接收到表单数据的时候,表单元素 name 属性值为 key,表单元素 value 属性的值为 value。请看例 8.16。

【例 8.16】使用 post 提交。

```
<form action = "8-16.php" method = "post" >
<input type = "text" name = "account" value = "yourdata" />
<input type = "submit" name = "mysubmit" value = "submitbutton" />
</form>
<?php
var_dump($_POST);
?>
```

运行结果如图 8.16 所示。

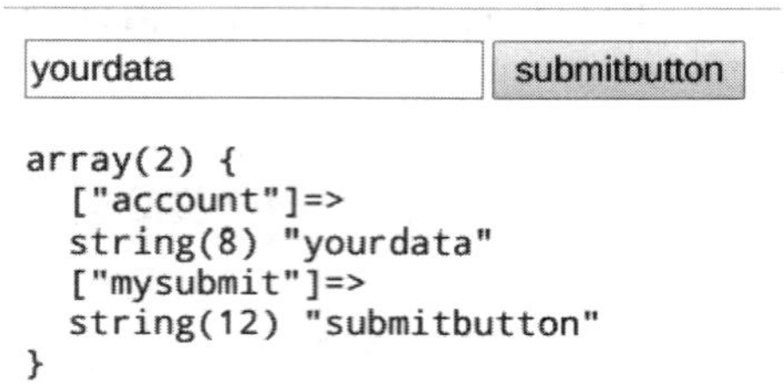

```
yourdata              submitbutton

array(2) {
  ["account"]=>
  string(8) "yourdata"
  ["mysubmit"]=>
  string(12) "submitbutton"
}
```

图 8.16

这里请大家注意浏览器地址栏并没有什么变化。但是在打开调试之后,会有一个 Form Data 列,里面会有上传数据,如图 8.17 所示。

▼ Form Data   view source   view URL encoded
   account: yourdata
   mysubmit: submitbutton

图 8.17

这里的所有数据,均是表单里面的数据,post 提交不会在 URL 地址栏显示,是通过 "Content-Type:application/x-www-form-urlencoded"协议提交,所以只能在调试栏中看见。

8.2.3 $_REQUEST

无论是 get 方式提交表单还是 post 方式提交表单,$_REQUEST 全局变量都可以接收,通常在我们不知道表单是 post 提交还是 get 提交的情况下使用。$_REQUEST 这个变量在没有接收到表单数据的时候是一个空数组,当接收到表单数据的时候,表单元素 name 属性值为 key,表单元素 value 属性的值为 value,使用方法和$_GET 、$_POST 变量使用方法一致。

8.3　案　例

前面几小节中我们已经知道如何使用 PHP 获取表单的数据了,获取到的这些数据都是数组的形式。在使用的过程中,我们该如何将数组里的数据拿出来用呢? 本节我们来制作简历。

第一步:制作简历表单内容,见例 8.17。

【例 8.17】制作简历表单。

```
<meta charset = "utf-8">
<form method = "post"  action = "8-18.php">
<table align = "center">
<tr>
  <td colspan = "2"  align = "center"><h1>用户信息</h1></td>
</tr>
<tr>
<td align = "right">姓名:</td>
<td><input type = "text"  name = "username"></td>
</tr>
<tr>
<td align = "right">性别:</td>
<td>
<input type = "radio"  name = "gender"  value = "男">男
<input type = "radio"  name = "gender"  value = "女">女
</td>
</tr>
<tr>
<td align = "right">年龄:</td>
<td><input type = "text"  name = "age"></td>
</tr>
<tr>
<td align = "right">学历:</td>
<td>
<select name = "grade">
<option value = "小学">小学</option>
<option value = "初中">初中</option>
<option value = "高中">高中</option>
```

```
<option value="专科">专科</option>
<option value="本科">本科</option>
<option value="研究生">研究生</option>
<option value="博士">博士</option>
</select>
</td>
</tr>
<tr>
<td align="right">工作经历:</td>
<td><textarea name="detail" cols="23" rows="5"></textarea></td>
</tr>
<tr>
<td colspan="2" align="right"><input type="submit" name="submit" value="保
存"></td>
</tr>
</table>
</form>
```

运行结果如图 8.18 所示。

用户信息

姓名:
性别: ○ 男 ○ 女
年龄:
学历: 小学 ▼

工作经历:

保存

图 8.18

第二步:接收简历表单内容,见例 8.18。

【例 8.18】接收简历表单。

```
<?php
if (isset($_POST['submit'])) { //判断是否有表单数据提交过来
?>
<meta charset="utf-8">
<table align="center">
<tr>
  <td colspan="2" align="center"><h1>用户信息</h1></td>
```

```
</tr>
<tr>
<td align="right">姓名:</td>
<td><?php echo $_POST["username"]? $_POST["username"]:"姓名未填写";?>
</td>
</tr>
<tr>
<td align="right">性别:</td>
<td>
<?php echo isset($_POST["gender"])? $_POST['gender']:"性别未选择";?>
</td>
</tr>
<tr>
<td align="right">年龄:</td>
<td><?php echo $_POST["age"]? $_POST['age']:"年龄未填写";?></td>
</tr>
<tr>
<td align="right">学历:</td>
<td><?php echo $_POST["grade"];?></td>
</tr>
<tr>
<td align="right">工作经历:</td>
<td><?php echo $_POST["detail"]? $_POST['detail']:"工作经历未填写";?></td>
</tr>
</table>
<?php
}else{ //没有表单数据提交提示用户填写表单
echo "请填写表单再提交".'<a href="javascript:history.go(-1)">返回</a>';
}
?>
```

在例 8.17 运行结果的页面中单击"生成简历",跳转到例 8.18,运行结果如图 8.19 所示。

用户信息

姓名: iEfoam

性别: 男

年龄: 23

学历: 博士

工作经历: 三年PHP开发经验,一年Python,一年GO开发...

图 8.19

本章小结

　　表单是在 PHP 和前端交互的一种重要手段,对常用的表单类型一定要熟记,还要学会合理利用隐藏表单,它也是一个重要工具;要区分 post 和 get 提交,什么时候该用什么提交方式合适,这也是需要考虑的。对于文件的上传,也需要注意,有时候需要实现单击按钮才进入文件上传功能,其实也是隐藏的"type＝file"表单属性,这也是很常见的功能。不是 type＝hidden才能隐藏,你也可以使用 CSS 样式来隐藏表单。

练习

　　完成一个用户注册页面见图 8.20,提交后在页面显示注册信息详见图 8.21。可结合第 6章的正则来完成验证。

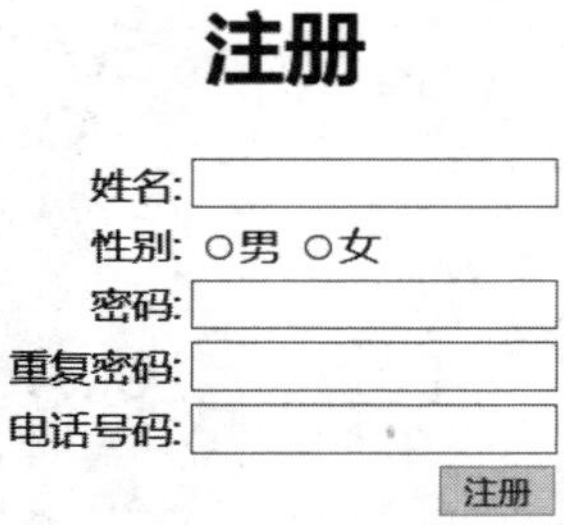

注册

姓名: _____
性别: ○男 ○女
密码: _____
重复密码: _____
电话号码: _____

注册

图 8.20

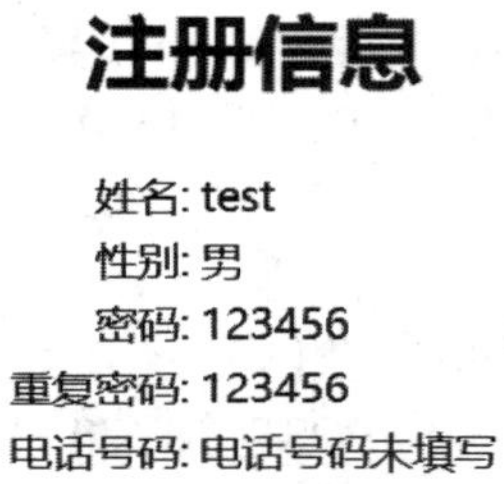

注册信息

姓名: test
性别: 男
密码: 123456
重复密码: 123456
电话号码: 电话号码未填写

图 8.21

第 **9** 章
MySQL 操作

9.1　MySQL 概述

MySQL 是一个小型的关系型数据库管理系统,由瑞典 MySQL AB 公司开发,在 2008 年被 Sum 公司收购,又在次年被 Oracle 公司收购,目前成为 Oracle 公司旗下的一个开源数据库项目。图 9.1 所示是 MySQL 的 LOGO。

图 9.1　MySQL 的 LOGO

作为目前最流行的关系型数据库之一,MySQL 有些与众不同,它的架构可以在多种不同的场景中应用并发挥出相当不错的作用。同时,MySQL 的多种引擎(常见的有 Innodb, Myiasm)保证了它的灵活性,能够适应高要求的环境,例如 Web 类应用。

MySQL 是开源的,这就意味着对个人,中小型企业可以用更低的成本,轻轻松松地搭建一个稳定、免费的网站,同时 MySQL 提供的功能和性能可完全满足这些用户的需求。因此,它受到广大中小型企业的青睐,被广泛使用在 Web 应用中。

MySQL 能在多平台、多语言环境下得到很好的支持,它支持多平台(如 Windows,Linux, Mac OS 等)及多种热门语言(如 PHP,Java,Golang,Python,C,C++等),具有很好的迁移性。

9.1.1　启动和关闭 MySQL 服务

服务是一种在系统后台运行的程序,时常要开启某个服务才能运行某个程序。MySQL 数据库安装之后,会在系统后台建立一个或者多个服务,在这些服务中,有些是默认自动启动的,而某些是需要手动启动的。

一般情况下,电脑上安装完成 MySQL 之后,它会自己启动服务。如没有启动,就需要我们手动启动了。

1)在 Windows 系统下

用 net 命令行方法启动,方法为 Win + R,输入 cmd 唤出终端,在终端输入

```
net start | stop mysql
```

就可以开启 | 停止 MySQL 服务了。

2)在 Linux 系统下

使用 systemctl 操作服务,方法为在终端输入

```
systemctl start | stop | status | restart mysql
```

来对 MySQL 进行开启、关闭、查看状态、重启等操作。

9.1.2 操作 MySQL 流程

在学会连接和关闭数据库之后,就要学习如何操作数据库了。

第一步:连接数据库(打开 MySQL 服务器)。只有正确连接了数据库之后,我们才能把数据存入数据库中,或从数据库里面提出、修改。这也是操作 MySQL 数据库的基础措施。

第二步:操作需要的数据库,或需要把这条记录存入数据库,或需要查询出某一条数据库记录,抑或是需要修改某一条数据。

【例 9.1】查询一条数据。

```
SELECT * FROM ' students ' WHERE ' s_id ' = 1;
```

结果参考表 9.1。

表 9.1 运行结果表

s_id	s_name	s_no	s_age	s_address	s_phone	s_note	created_at	UPDATEd_at
1	小邹	160050101	18	重庆市南岸区 X 号	15000000000	考研生	1573283124	1573283124

【例 9.2】更新一条数据。

```
UPDATE ' students ' SET ' s_age ' = 19 WHERE ' s_id ' = 1;
```

结果:

```
Query OK, 1 rows affected (0.10 sec)
Rows matched: 1 Changed: 0 Warnings: 0
```

【例 9.3】删除一条数据。

> DELETE FROM ' students ' WHERE ' s_id ' = 1；

结果：

> Query OK，1 row affected（0.14 sec）

第三步：对操作的语句进行优化。当我们编写好需要执行的语句,应当再次确认这样操作是否合理,这个语句是否能以更高效的方式完成我们需要的效果。

第四步：关闭连接,释放内存。在我们使用完之后,就需要关闭数据库的连接,因为这个连接是需要消耗资源的,在不需要使用的时候应尽量断开连接,减少服务器的消耗。当然,MySQL 也有处理这种长时间无操作连接的机制,会主动地把这个连接断开。

9.1.3　MySQL 字段类型

当需要把数据存入数据库中时,就需要"归类"存入,这里的"归类"就是我们需要用到的 MySQL 的表。例如需要把某个班的学生的基本信息存入数据库中,同时还需要存入每个学生的学科成绩(假设有每个学生的学科数目都大于 8),那难道把所有的学科成绩和学生基本信息存在一起? 这显然是不合理的,理应用一张学生表来存放学生的基本信息,用学生成绩表来存入学生的成绩数据。存入表之前肯定就是建表了,建表时的字段类型却是一个让人十分头疼的问题! 什么字段用什么类型,都是需要进行严格考虑的。

数据类型是数据的一种属性,它可以决定数据的存储格式、有效范围,并对数据做相应的限制。MySQL 支持多种类型,大致可分为三类:数值、时间、字符串。

通过本小节的学习,可以了解到常用的集中数据类型的特点、使用范围,同时,可了解如何选择合适的数据类型。

数值类型：int, tinyint, bigint, float, double,见表 9.2。

表 9.2　数值类型表

类型	占用字节	范围
Int	4 字节	(0, 4 294 967 295)
Tinyint	1 字节	(0, 255)
Bigint	8 字节	(0, 18 446 744 073 709 551 615)
Float	4 字节	0,(1.175 494 351 E−38,3.402 823 466 E+38)
Double	8 字节	0,(2.225 073 858 507 201 4 E−308,1.797 693 134 862 315 7 E+308)

字符串类型：varchar, char, text, enum, longtext,见表 9.3。

表 9..3　字符串类型表

类型	占用字节	特性
Varchar	0~65535 字节	变长字符串
Char	0~255 字节	定长字符串
Text	0~65 535 字节	长文本数据
Enum	4~8 字节	枚举数据类型
Longtext	0~4 294 967 295 字节	极大文本数据

时间日期类型：datetime，date，timestamp，time，见表 9.4。

表 9.4　时间日期表

类型	占用字节	格式	特性
Datetime	8 字节	YYYY-MM-DD HH:MM:SS	混合日期和时间值
Date	3 字节	YYYY-MM-DD	日期值
Timestamp	4 字节	YYYYMMDD HHMMSS	混合日期和时间值时间戳
Time	3 字节	HH:MM:SS	时间值或持续时间

值得注意的是，我们通常在表中存入的时间是时间戳，采用 int 类型，长度为 10。

MySQL 有多重数据类型，我们在建表的过程中应该根据数据的大小、特点来选择合适的数据类型，这是非常有必要的。当数据表中的数据量越大，在我们操作数据的过程中，越能体现出性能的优越性。所以，选择合适的数据类型，是建表的基础。

9.2　SQL 语句

9.2.1　新增

当数据库空的时候，我们就需要向数据库里面插入数据。

使用 INSERT INTO 语句即可实现对数据库中的表进行新增操作。

语法：

```
INSERT INTO table_name（field1，field2，…）
        values
        （value1，value2，…）；
```

【例 9.4】向学生表里新增张雄同学，21 岁，学号 160050219，住址：重庆市南岸区 Y 号，联系方式:00000000,校外实习生。

> INSERT INTO ' students '(' s_name ', ' s_no ', ' s_age ', ' s_address ', ' s_phone ',
> ' s_note ', ' created_at ', ' UPDATEd_at ') VALUES ('张雄', 160050101, 21, '重庆市
> 南岸区 Y 号', 100000000, '校外实习生', 1573283124, 1573283124);

结果:

> Query OK, 1 row affected (0.37 sec)

该语句返回的是影响的行数,执行完成之后可以看见数据库已经新增了一条记录。

9.2.2　删除

1)删除表

使用 DROP TABLE 语句即可实现对数据库中的表进行删除操作。
语法:

> DROP TABLE table_name [, table_name.…]

【例 9.5】删除学生表。

> DROP TABLE students;

2)删除数据

使用 DELETE 语句即可实现对数据表中的某个数据项进行删除操作。
语法:

> DELETE FROM table_name [WHERE Clause]

【例 9.6】删除 id 为 1 的学生。

> DELETE FROM ' students ' WHERE ' s_id ' = 1;

【例 9.7】假设有张成绩表 scores:删除成绩(score)不合格(少于 60 分)的学生。

> DELETE FROM ' scores ' WHERE ' score ' < 60;

注意事项:

如果没有指定 WHERE 子句,表中的所有数据都将被删除。

DELETE 语句会删除所有满足 WHERE 条件的数据。

数据库的数据一旦删除,它就会永远消失。因此,在执行 DELETE 语句之前,应该先备份数据库。

9.2.3　修改

1)修改少量数据

使用 UPDATE 语句即可实现对数据表中的某个数据项进行更新/修改操作。

语法：

```
UPDATE table_name SET field1 = value〔, field2 = value〕〔WHERE Clause〕
```

【例9.8】修改 s_id 为 39 的学生分数为 99 分。

```
UPDATE ' scores ' SET ' score ' = 99 WHERE ' s_id ' = 39;
```

【例9.9】修改 id 为 14 的学生分数为 100 分。

```
UPDATE ' scores ' SET ' score ' = 100 WHERE ' s_id ' = 14;
```

注意事项：

(1)可以同时更新一个或多个字段。

(2)可以在 WHERE 子句中指定任何条件,执行会更新所有满足条件的数据项。

(3)该语句的返回值是影响的行数。

2)批量修改大量数据

当更新多条数据,且更新的数据的条件不一样的时候,就涉及批量更新。例如,老师要对班上 N 个同学的年龄进行修改,对 M 个同学的身高进行修改。如果像上面这样一条一条地修改(初学者都是循环更新,这里强烈不建议!!!),是非常耗时耗力的,这是一个十分影响程序效率的问题,这个时候不再适应 UPDATE 这类轻量级别的语句,而应该使用：

```
UPDATE table_name SET
colum_name = CASE primary_key
    WHEN primary_key_value THEN value
    WHEN primary_key_value THEN value
END
WHERE primary_key IN ( primary_key_value,primary_key_value);
```

【例9.10】修改 id 为 2 的学生年龄为 20,id 为 4 的学生年龄为 21,id 为 13 的学生身高为 142。

```
UPDATE ' students '
SET ' s_age ' = CASE ' s_id '
            WHEN 2    THEN 20
            WHEN 4    THEN 21
            ELSE ' s_age '
    END,
    ' stature ' = CASE ' s_id '
            WHEN 13    THEN 142
            ELSE ' stature '
      END
WHERE ' s_id ' IN ( 2, 4, 13);
```

值得注意的是:这个方法只能用主键更新,所以在速度、效率上是非常高的,在数据量大、比较复杂的时候建议这样使用。

9.2.4　查询

查询是数据库的一项基本功能。当数据存入数据库之后,我们要从数据库把需要的数据查询出来,才能体现出数据库存在的作用。

使用 SELECT 语句即可实现对数据表中的数据项进行查询操作。

语法:

SELECT column_name, column_name FROM table_name [WHERE Clause]

字段对数据表的某些字段进行查询:

【例 9.11】查询 id 为 14 的学生的姓名、年龄、学号。

SELECT ' s_name ' , ' s_age ' , ' s_no ' FROM ' students ' WHERE ' s_id ' = 14 ; * 与
1

【例 9.12】查询姓名是"小明"的学生的身高,年龄信息。

SELECT * FROM student WHERE name = '小明 ' ;
SELECT score FROM student WHERE name = '小明 ' ;

表 9.5　查询字体解释表

*	通配符,查询的时候返回所有列值
列名	指出返回结果的列,如果是多列,用逗号隔开

在这两个例子中,都能查询出姓名是"小明"的学生的成绩,但是效率却大不相同。例 9.12 中" * "代替了查询字段,表示查询所有字段。希望读者养成好的习惯,你需要什么信息就查询什么信息,尽量不要查询冗余字段,这也是提高查询效率的一个小窍门。

9.2.5　统计

使用 COUNT 语句即可实现对数据表中的数据项进行统计操作。

语法:

SELECT COUNT(field_name) FROM table_name [WHERE Clause]

【例 9.13】统计分数在 90 分以上的人数。

SELECT COUNT(*) FROM student WHERE score > 90 ;

【注意】

(1)SELECT 命令可以读取一条或者多条记录。

(2)可以使用星号(*)来代替其他字段,SELECT 语句会返回表的所有字段数据。

(3)可以使用 WHERE 语句来包含任何条件。

(4)在 WHERE 条件中,包含主键 key 的查询效率往往比其他条件高。

9.2.6　分页与搜索

当数据量超过一百、一千、一万乃至十万、百万的时候,我们不能一下全部把数据查询出来,页面不可能显示完,服务器的内存也不建议装那么多,所以此时需要用到分页。

使用 limit 语句即可实现对数据表中的数据项进行查询分页操作。

语法:

SELECT column1, column2 FROM table_name〔WHERE Clause〕limit offset, COUNT;

参数:

offset 参数指定要返回的第一行的偏移量。第一行的偏移量为 0,而不是 1。
COUNT 指定要返回的最大行数。

【例 9.14】查询 id 在前十的学生的姓名。

SELECT ' s_name ' FROM student order by id limit 0,10

【例 9.15】查询出成绩在第三名到第十名的学生的姓名和成绩。

SELECT a.' s_name ', b.' score '
FROM ' students ' as a
　　　INNER JOIN ' scores ' as b ON a.' s_id ' = b.' s_id '
order by b.' score ' DESC
limit 2,7

这里提示一下,第三名到第十名,所以 COUNT 的值是〔10-3 = 7〕从第三名开始,所以偏移量是 2。

【例 9.16】搜索查询出成绩大于 90 分的学生姓名,并按照成绩的高低排序。

SELECT a.' s_name '
FROM ' students ' as a
　　　INNER JOIN ' scores ' as b ON a.' s_id ' = b.' s_id '
order by b.' score ' DESC
limit 10

【注意】
mysql 的 limit 给分页带来了极大的方便,但数据偏移量一大,limit 的性能就急剧下降。

9.3　PHP 与 MySQL

9.3.1　连接与关闭数据库

在学习了 MySQL 的基本操作之后,我们来看看在实际的 Web 程序应用中如何操作数据库。首先肯定是如何连接和关闭数据库了。

mysqli_connect()——连接数据库。

语法：

mysqli_connect(host, username, password, dbname, port, socket)；

参数：

$host：可选，规定主机名或 IP 地址。

$username：可选，规定 MySQL 用户名。

$password：可选，规定 MySQL 密码。

$dbname：可选，规定默认使用的数据库。

$port：可选，规定尝试连接到 MySQL 服务器的端口号(通常为 3306)。

$socket：可选，规定 socket 或要使用的已命名 pipe。

返回值：

在成功连接到 MySQL 后返回连接标识，失败返回 FALSE。

mysqli_close()——关闭连接

语法：

mysqli_close(mysqli $link)

参数：

Link 为 mysqli_connect() 函数创建连接成功后返回的 MySQL 连接标识符。

返回值：

关闭成功返回 TRUE，否则返回 FALSE。

【例 9.17】用 PHP 连接 mysql 服务，然后再关闭。

```php
<?php
$dbHost = 'localhost';    // mysql 服务器主机地址
$dbUser = 'root';         / mysql 用户名
$dbPass = '';             // mysql 用户名密码
$connect = mysqli_connect($dbHost, $dbUser, $dbPass) or die("Connect error:" .
mysqli_connect_error());
echo "Connect success! \n";
$res = mysqli_close($connect);
if ($res) {
  echo "close success!";
}
```

结果:

> Connect success!
>
> close success!

9.3.2 增删改查

在连接成功数据库的基础上,我们可以借助 PHP 函数 mysqli_query( )来实现对数据的增删改查:

> mysqli_query——执行传入的 sql 参数。

语法:

> mysqli_query(connection, query, resultmode);

参数:

> $connection:mysql 连接标识。
>
> $query:需要执行的 sql 字符串。
>
> $resultmode:可选。一个常量值。可以是下列值中的任意一个:
>
> MYSQLI_USE_RESULT(如果需要检索大量数据,请使用这个)
>
> MYSQLI_STORE_RESULT(默认)。

返回值:

> 此函数在执行成功时返回 TRUE,否则返回 FALSE。

1) 新增数据

【例 9.18】新增一位小胖同学,学号 160050102,年龄 21,家庭住址:四川省绵阳市 X 号,联系方式:18900000000。

```php
<?php
$dbHost = 'localhost';        // mysql 服务器主机地址
$dbUser = 'root';          // mysql 用户名
$dbPass = '';             // mysql 用户名密码
$connect = mysqli_connect($dbHost, $dbUser, $dbPass) or die("Connect error:" .
mysqli_connect_error());
mysqli_select_db($connect, 'demo'); //选择数据库
$Sql = "INSERT INTO 'students' ('s_name', 's_no', 's_age', 's_address',
's_phone', 'created_at', 'UPDATEd_at') VALUES ('小胖', 160050102, 21, '四川省
绵阳市 X 号', '18900000000', " . time() . ", " . time() . ")";
mysqli_query($connect, $Sql); //执行 sql 语句
if (! mysqli_affected_rows($connect)) {
```

```
        die("insert error:" . mysqli_error($connect));
    } else {
        echo "insert success";
    }
    mysqli_close($connect);
```

结果:

```
insert success
```

2) 删除数据

【例 9.19】删除小陈同学(已知小陈同学的 id 为 5)。

```
<?php
$dbHost = 'localhost';      // mysql 服务器主机地址
$dbUser = 'root';           // mysql 用户名
$dbPass = '';               // mysql 用户名密码
$connect = mysqli_connect($dbHost, $dbUser, $dbPass) or die("Connect error:" .
mysqli_connect_error());
    mysqli_select_db($connect, 'demo');      //选择数据库
    $deleteSql = "DELETE FROM 'students' WHERE 's_id' = 5";
    $res = mysqli_query($connect, $deleteSql);      //执行 sql 语句
    if (!$res) {
        die("delete error:" . mysqli_error($connect));
    } else {
        echo "delete success";
    }
    mysqli_close($connect);
```

结果:

```
delete success
```

3) 修改数据

【例 9.20】更新小邹同学的年龄为 22。

```
<?php
$dbHost = 'localhost';    // mysql 服务器主机地址
$dbUser = 'root';         // mysql 用户名
$dbPass = '';             // mysql 用户名密码
$connect = mysqli_connect($dbHost, $dbUser, $dbPass) or die("Connect error:" .
mysqli_connect_error());
```

```php
mysqli_select_db($connect, 'demo');    //选择数据库
$sql = "UPDATE students SET s_age = 22 WHERE s_name = '小邹'";
$res   = mysqli_query($connect, $sql);    //执行 sql 语句
if (! $res) {
    die("UPDATE error:" . mysqli_error($connect));
} else {
    // mysqli_affected_rows 函数表示 得到上次执行 sql 影响的行数,如果说是新增,
更新,删除,插入数据
    // 必然会对数据表中的数据有行数的影响,有时候 sql 执行成功,但是却没有影
响行数,也是一种无效的执行
    // 单单针对更新而言,第一次是更新成功,但是第二次呢,重复更新,是不会返回
影响行数的。
    //mysqli_affected_rows() 函数返回前一次 MySQL 操作(SELECT、INSERT、
UPDATE、REPLACE、DELETE)所影响的记录行数。
    if (! mysqli_affected_rows($connect)) {
        echo "has been updated";
    } else {
        echo "update success";
    }
}
mysqli_close($connect);
```

结果:

```
UPDATE success
(第二次更新:)has been UPDATED
```

4)查询数据

【例 9.21】查询出学生学号里面有"2"的学生,并只展示 3 条。

```php
<?php
$dbHost = 'localhost';    // mysql 服务器主机地址
$dbUser = 'root';         // mysql 用户名
$dbPass = '';             // mysql 用户名密码
$connect = mysqli_connect($dbHost, $dbUser, $dbPass) or die("Connect error:" .
mysqli_connect_error());
mysqli_select_db($connect, 'demo');    //选择数据库
$selectSql = "SELECT s_id, s_name FROM students WHERE s_no LIKE '%2%'
LIMIT 3";
$res   = mysqli_query($connect, $selectSql);    //执行 sql 语句
```

```
if (! $res) {
    die("SELECT error:" . mysqli_error($connect));
} else {
    // 这里使用 mysqli_fetch_all 函数来获取查询 sql 的结果集 返回全部结果集
    // 返回的结果是数组的形式可以遍历得到。
    $list = mysqli_fetch_all($res);
    print_r($list);
}
mysqli_close($connect);
```

结果:

Array ([0] => Array ([0] => 4 [1] => 小胖) [1] => Array ([0] => 5 [1] => 大胖) [2] => Array ([0] => 6 [1] => 小杨))

9.3.3　处理数据

【例 9.22】step1　向学生表新插入一条记录:小邓,20 岁,学号 169001210,住址广东省增城区 B 号,联系电话 18600000000。

step2　小邓的学号录错了,需要修改,请将小邓的学号修改为 160050121,补充备注信息:交换生。

step3　请帮小邓查询出和他在同一省份"广东省"同学的姓名。

要求:程序出任意错,就终止程序,并打印出错误原因。

参考:

```php
<?php
$dbHost = 'localhost';    // mysql 服务器主机地址
$dbUser = 'root';         // mysql 用户名
$dbPass = '123456';       // mysql 用户名密码
$connect = mysqli_connect($dbHost, $dbUser, $dbPass) or die("Connect error:" .
mysqli_connect_error());
mysqli_select_db($connect, 'demo');    //选择数据库
$insertSql = "INSERT INTO 'students' ('s_name', 's_no','s_age', 's_address',
's_phone', 'created_at', 'updated_at')
VALUES ('小邓', 169001210, 20, '广东省增城区 B 号', '18600000000', " .
time() .", " . time() . ")";
$createRes = mysqli_query($connect, $insertSql);
if (! mysqli_affected_rows($connect)) {
    die("insert failed: " . mysqli_error($connect));
}
```

```
    $sql = "UPDATE ' students ' SET ' s_no ' = 160050121 , ' s_note ' = '交换生', '
updated_at ' = " . time ( ) . " WHERE ' s_name ' = '小邓'";
    $res   = mysqli_query($connect, $sql) ;   //执行 sql 语句
    if ( ! mysqli_affected_rows($connect) ) {
      $error = mysqli_error($connect) ;
      if ( ! $error) {
        die("data has been updated!") ;
      } else {
        die("update failed: " . mysqli_error($connect) ) ;
      }
    }
    $selectSql = "SELECT ' s_name ' FROM ' students ' WHERE ' s_address ' LIKE '%
广东省%'";
    $res   = mysqli_query($connect, $selectSql) ;   //执行 sql 语句
    if ( ! $res) {
      die("select error:" . mysqli_error($connect) ) ;
    } else {
      $list = mysqli_fetch_all($res) ;
      print_r($list) ;
    }
    mysqli_close($connect) ;
```

9.4　案例

【例 9.23】通过 PHP 对 MySQL 进行增删改查操作。

（1）建表操作。在数据库 demo 中创建一张教师表（teachers），用来存入学校教师的姓名（t_name），编号（t_no），年龄（t_age），住址（t_address），联系方式（t_phone），最高学历（t_education），创建时间（created_at），更新时间（updated_at）。

（2）新增操作。向教师表录入新教师员工：刘老师，编号：190251，年龄：30，住址：重庆市南岸区 X 号，电话：15000000000，最高学历：博士。

（3）查询列表，分页操作。假设我们的教师表里面已经有了一千位老师，那需要做一个列表来展示当前有哪些老师。做一个分页列表，每页显示 10 位老师。

（4）删除操作。删除教师表。

参考：

```php
<?php
$dbHost = ' localhost ';      // mysql 服务器主机地址
$dbUser = ' root ';           // mysql 用户名
$dbPass = ' 123456 ';             // mysql 用户名密码
$connect = mysqli_connect($dbHost, $dbUser, $dbPass) or die("Connect error:" .
mysqli_connect_error());
mysqli_select_db($connect, ' demo ');        //选择数据库
mysqli_begin_transaction($connect);
# 创建表操作
try {
  mysqli_query($connect, "DROP TABLE IF EXISTS ' teachers '");
  $createTableSql = "CREATE TABLE ' teachers ' (
' t_id ' int(11) UNSIGNED ZEROFILL NOT NULL AUTO_INCREMENT,
' t_name ' varchar(255) CHARACTER SET utf8 COLLATE utf8_general_ci NOT NULL
COMMENT '教师姓名',
' t_no ' varchar(100) CHARACTER SET utf8 COLLATE utf8_general_ci NOT NULL
COMMENT '教师编号',
' t_age ' int(3) NOT NULL COMMENT '教师年龄',
' t_address ' varchar(250) CHARACTER SET utf8 COLLATE utf8_general_ci NOT
NULL COMMENT '教师的住址',
' t_phone ' varchar(20) CHARACTER SET utf8 COLLATE utf8_general_ci NOT NULL
COMMENT '教师的联系方式',
' t_education ' varchar(255) CHARACTER SET utf8 COLLATE utf8_general_ci NOT
NULL COMMENT '教师的最高学历',
' created_at ' int(10) NOT NULL,
' updated_at ' int(11) NOT NULL,
PRIMARY KEY (' t_id ') USING BTREE
) ENGINE = InnoDB AUTO_INCREMENT = 1 CHARACTER SET = utf8 COLLATE =
utf8_general_ci ROW_FORMAT = Dynamic";
  $res     = mysqli_query($connect, $createTableSql);
  if (! $res) {
    throw new Exception("update error: " . mysqli_error($connect));
  }
  # 插入数据
  $insertSql = "INSERT INTO ' teachers '
(' t_id ', ' t_name ', ' t_no ', ' t_age ', ' t_address ', ' t_phone ', ' t_education ',
' created_at ', ' updated_at ')
```

```
        VALUES (1, '刘老师 2 ', ' 190251 ', 30, '重庆市南岸区 X 号', ' 15000000000
', '博士', 1573386888, 1573386888)";
    mysqli_query($connect, $insertSql);
    if (! mysqli_affected_rows($connect)) {
        throw new Exception("insert error: " . mysqli_error($connect));
    }
    # 分页操作
    $countSql = "SELECT COUNT( * ) as count FROM ' teachers '";
    $res = mysqli_query($connect, $countSql);
    $resArr = mysqli_fetch_assoc($res);
    $limit = 10;      // 每一页显示的记录数
    $page    = ceil($resArr[' count '] / $limit);
    $offset = 0;
    for ($i = 1; $i <= $page; $i++) {      // 此处用循环代替分页的效果
        $selectSql = "SELECT * FROM ' teachers ' ORDER BY ' t_id ' LIMIT $offset,
$limit";
        $resArr = mysqli_query($connect, $selectSql);
        print_r(mysqli_fetch_all($resArr));
        $offset = ($i * $limit);      // 计算出偏移量
    }

    # 删除操作
//    $deleteSql = "DROP TABLE ' teachers '";
//    mysqli_query($connect, $countSql);
    mysqli_commit($connect);
    echo "执行完毕~";
} catch (Exception $exception) {
    mysqli_rollback($connect);
    die($exception);
}
```

本章小结

MySQL 是一个小型的关系型数据库系统,相比其他数据库,有着语法简单、易学易懂的特点。在我们常用的语法中,有 SELECT,INSERT,UPDATE,DELETE,CREATE,DROP 等。对于 MySQL 的操作,我们应当注意以下几点:

(1)WHERE 条件很强大,它可以随意组装在需要操作的语句中。

（2）不论是针对表还是表中的字段类型，我们都应仔细考虑应该采用什么编码或类型，以免造成不必要的资源浪费。

（3）MySQL 的 curd 功能很强大，但在大数据库中，坚决杜绝没有索引作为条件的批量操作，这会造成内存不足、服务器死机。

（4）数据无价，谨慎删除，按时备份。

练　习

创建一个 demo_new 的数据库。

（1）在数据库中设计一张商品表"goods"（包含商品的编号"id"，名字"g_name"，当前上架状态"status"，商品上传人"up_user_id"，是否参与促销活动"Is_promotion"，创建时间"created_at"，更新时间"updated_at"）。

（2）在数据库中设计一张商品属性表"attributes"（对应商品"a_id"，商品颜色"color"，规格"size"，描述"desc"，当前属性状态"status"，销售价格"Sale_price"，创建时间"created"，更新时间"updated"）。

（3）在数据库中设计一张商品销售表"sales"（购买用户的"u_id"，购买商品编号"g_id"，对应商品的属性编号"a_id"，购买数量"count_num"，创建时间，更新时间）。

（4）向商品表、属性表、销售表填充数据。

表 9.6　商品表

Id	g_name	Status	Up_user_id	Is_promotion
1	Sony/索尼 Alpha 7 III A7M3 全画幅微单 索尼 7m3 机身	在售	6	Y
2	Apple/苹果 iPhone 11 Pro	在售	6	Y
3	外星人 alienware 全新 m17 R2 九代酷睿 i7 六核	在售	5	N

表 9.7　商品属性表

Id	g_id	color	size	desc	status	Sale_price
1	1	黑色	官方套餐	商品的详细描述	在售	14199.00
2	2	深空灰色	64GB	商品的详细描述	在售	8699.00
3	2	银色	256GB	商品的详细描述	在售	9999.00
4	2	银色	64GB	商品的详细描述	在售	8699.00
5	2	深空灰色	256GB	商品的详细描述	在售	9999.00
6	3	白色	i7-9750H/16G/512GB	商品的详细描述	在售	16999.00

表 9.8　商品销售记录表

Id	u_id	g_id	a_id	Count_num
1	1	1	1	2
2	112	1	1	4
3	78	1	1	3
4	64	1	1	1
5	35	2	2	5
6	6	2	3	7
7	347	3	3	4
8	1	2	4	4
9	14	3	6	3
10	24	3	6	1
11	56	2	4	5
12	78	2	5	7

用 PHP 实现：

（1）请计算出在当月所有商品总共卖出了多少钱。

（2）请计算出在当月哪一件商品的销售量最大，哪一件最小。

（3）请对用户 id 按照消费金额从多到少地展示。

第 **10** 章

日期与时间操作

10.1　系统时区设置

PHP 中没有设置默认时区,PHP 会自己使用 UTC 时间,就是 0 时区。所以对时区的配置是非常重要的,它直接影响我们能否获取当前正确的时间。那么我们应该如何配置呢?

10.1.1　配置设置

在 PHP 配置文件 php.ini 中找到下列配置项:

```
[ Date ]
; Defines the default timezone used by the date functions
; http://php.net/date.timezone
;date.timezone =
```

将"date.timezone"修改成"data.timezone = PRC"然后保存,重启 Apache 服务就可以更改时区到中国。

10.1.2　代码设置

不修改配置文件,也是可以实现对时区的更改,如在使用日期函数之前添加如下函数:

date_default_timezone_set——设定用于一个脚本中所有日期时间函数的默认时区。

语法:

date_default_timezone_set(string $timezone_identifier) : bool

参数:

时区标识符,例如 UTC 或 Europe/Lisbon。

返回值：

> 参数无效则返回 FALSE,否则返回 TRUE。

【例 10.1】设置当前时区为中国/上海。

```php
<?php
$status = date_default_timezone_set("Asia/ShangHai");
var_dump($status);
```

结果：

> bool(true)

10.2   常用函数

10.2.1   当前 Unix 时间戳和微秒数 microtime

time：返回当前的 Unix 时间戳。

语法：

time(void)：int

返回值：

> 从 Unix 纪元(格林威治时间 1970 年 1 月 1 日 00:00:00)到当前时间的秒数。

【例 10.2】输出当前时间戳。

```php
<?php
date_default_timezone_set("Asia/ShangHai");
echo time();
```

结果：

> 1573394077

microtime：返回当前 Unix 时间戳和微秒数。

语法：

microtime([bool $get_as_float])：mixed

参数：

get_as_float 参数并且其值等价于 TRUE,microtime()将返回一个浮点数。

返回值：

返回当前 Unix 时间戳和微秒数。

【例 10.3】输出当前时间戳和微秒数。

```php
<?php
$status = date_default_timezone_set("Asia/ShangHai");
echo microtime()."\n";
echo microtime(true);
```

结果：

0.58731700 1573394684
1573394684.5873

10.2.2　当前的 Unix 时间戳 time

使用 time 函数，获取当前的 Unix 时间戳。

【例 10.4】输出当前时间戳。

```php
<?php
date_default_timezone_set("Asia/ShangHai"); //指定当前地区的时区
echo time();
```

结果：

1573396077

10.2.3　格式化本地时间 date

在实际中，我们可能需要输出"2019-11-11 12:20:45"这样的时间，那么在 PHP 中，我们如何实现呢？

date：格式化一个本地时间/日期。

语法：

```
date(string $format [, int $timestamp]): string
```

参数：

$format：输出日期 string 格式，同时还可以使用预定义日期常量。

$timestamp：需要转换的时间戳。

返回值：

返回将整数 timestamp 按照给定的格式字串而产生的字符串。如果没有给出时间戳则使用本地当前时间。如果 timestamp 参数不是一个有效数值，则返回 FALSE 并引发 E_WARNING 级别的错误，返回值见 10.1。

表 10.1 返回值示例

format 字符	描述	返回值示例
d	一个月中的第几天,有前导 0 的 2 位数字	从 01 到 31
D	3 个字符表示的星期几	从 Mon 到 Sun
j	一个月中的第几天,无前导 0	从 1 到 31
l	星期几,英文全称	从 Sunday 到 Saturday
N	ISO-8601 规定的数字表示的星期几	从 1(星期一)到 7(星期日)
S	一个月中的第几天,带有 2 个字符表示的英语序数词	St,nd, rd 或者 th
w	数字表示的星期几	从 0(星期日)到 6(星期六)
z	一年中的第几天,从 0 开始计数	从 0 到 365
W	ISO-860 规范的一年中的第几周,周一视为一周开始	示例:42(本年第 42 周)
F	月份英文全拼	从 January 到 December
m	带有 0 前导的数字表示的月份	从 01 到 12
M	3 个字符表示的月份的英文简拼	从 Jan 到 Dec
n	月份的数字表示,无前导 0	1 through 12
t	给定月份中包含多少天	从 28 到 31
L	是否为闰年	如果是闰年,则返回 1,反之返 0
Y	4 位数字的年份	示例:1999 或 2003
y	2 位数字的年份	示例:19 或 20
a	上午还是下午,2 位小写字符	Am 或 pm
A	上午还是下午,2 位大写字符	AM 或 PM
B	斯沃琪因特网时间	从 000 到 999
g	小时,12 时制,无前导 0	从 1 到 12
G	小时,24 时制,无前导 0	从 0 到 23
h	小时,12 时制,有前导 0 的 2 位数字	从 01 到 12
H	小时,24 时制,有前导 0 的 2 位数字	00 through 23
i	分钟,有前导 0 的 2 位数字	从 00 到 59
s	秒,有前导 0 的 2 位数字	从 00 到 59
u	毫秒(PHP5.2.2 新加)	示例: 654321

【例 10.5】请将当前时间按照"2019-11-11 11:11:11"的格式输出。

```php
<?php
date_default_timezone_set ( "Asia/ShangHai" ) ;
echo date ( "Y-m-d H:s:i" ) ;
```

结果：

```
2019-11-10 22:29:31
```

10.2.4　字符串日期时间转为 Unix 时间戳 strtotime

有时候需要把字符串的日期转换成时间戳,然后再转换成其他格式。

strtotime:将任何字符串的日期时间描述解析为 Unix 时间戳。

语法：

```
strtotime ( string $time [ , int $now = time ( ) ] ) : int
```

参数：

$time:日期/时间字符串。日期与时间格式。
$now:用来计算返回值的时间戳。

返回值：

成功则返回时间戳,否则返回 FALSE。

【例 10.6】常见的使用方法。

```php
<?php
echo strtotime ( "now" ) , "\n" ; # 获取当前时间戳
echo strtotime ( "11 September 2019" ) , "\n" ; # 获取 2019 年 9 月 11 日的时间戳
echo strtotime ( "+1 day" ) , "\n" ; # 获取明天的时间戳
echo strtotime ( "+1 week" ) , "\n" ; # 获取一周之后的时间戳
echo strtotime ( "+1 week 2 days 4 hours 2 seconds" ) , "\n" ; # 获取一周加两天四小
时 2 秒之后的时间戳
echo strtotime ( "next Thursday" ) , "\n" ; # 获取下周四的时间戳
echo strtotime ( "last Monday" ) , "\n" ; # 获取上周一的时间戳
echo strtotime ( "2019/11/10 22:44:13" ) , "\n" ; # 获取字符串的时间戳
```

结果：

```
1573396933
1568131200
1573483333
1574001733
1574188935
```

```
1573660800
1572796800
1573397053
```

本章小结

PHP 对时间的处理非常强大,可以很轻松地获取到当前时间,当前时间向上或向下偏移的时间,对时间格式化输出,两个日期之间的差值等。在实际运用中,应用最多的就是获取当前时间,以及某个时间向前推移多少天,向后推移多少天,所以请牢记 time( ), date( ), strtotime( )这三个功能强大的函数。

练 习

（1）请计算出今年剩余多少秒。

（2）请计算出当前时间距离 2008 年 12 月 12 日有多少天。

（3）请输出 PRC 时区和默认的 0 时区相差多少小时。

（4）请输出当前时间向前推移 3 年零 5 个月 21 天零 1 小时 30 分钟的时间戳。

cookie 与 session

11.1　cookie

11.1.1　概述

HTTP 是一个无状态的请求-响应协议。所谓"无状态",即服务器无法判断用户身份。cookie 实际上是一小段的文本信息(key=>value 格式),是一种在远程浏览器端储存数据并以此来跟踪和识别用户的机制。客户端向服务器发起请求,如果服务器需要记录该用户状态,在服务端保存了用户信息之后,就会返回一些需要的 cookie 信息在返回信息里面,这里的 cookie 和服务器这边的用户信息是对应的。客户端浏览器会把 cookie 保存起来。当浏览器再请求该网站时,浏览器把请求的网址连同该 cookie 一同提交给服务器。服务器检查该 cookie,以此来辨认用户状态。

在 PHP 中,可以用 setcookie( ) 或 setrawcookie( ) 函数来设置 cookie。需要注意的是:cookie 是 HTTP 标头的一部分,因此 setcookie( ) 函数必须在其他信息被输出到浏览器前调用,这和对 header( ) 函数的限制类似。可以使用输出缓冲函数来延迟脚本的输出,直到按需要设置好了所有的 cookie 或者其他 HTTP 头。

11.1.2　创建 cookie

如何创建 cookie?

> setcookie:发送 cookie 到客户机。

语法:

> setcookie (string $ name [, string $ value = " " [, int $ expire = 0　[, string $ path = " " [, string $ domain = " "
>
> [, bool $ secure = false [, bool $ httponly = false]]]]]]): bool

参数：

$name：cookie 名称。

$value：cookie 值。这个值储存于用户的电脑里。

$expire：cookie 的过期时间，这是个 Unix 时间戳。

$path：cookie 有效的服务器路径。设置成"/"时，cookie 对整个域名有效。如果设置成"/foo/"，cookie 仅仅对域名中 /foo/ 目录及其子目录有效（比如 /foo/bar/）。默认值是设置 cookie 时的当前目录。

$domain：cookie 的有效域名/子域名。设置成子域名（例如"www.example.com"）。

$secure：设置这个 cookie 是否仅仅通过安全的 HTTPS 连接传给客户端。设置成 TRUE 时，只有安全连接存在时才会设置 cookie。

$httponly：设置成 TRUE，cookie 仅可通过 HTTP 协议访问。

返回值：

如果在调用本函数以前就产生了输出，setcookie() 会调用失败并返回 FALSE。如果 setcookie() 成功运行，返回 TRUE。

【例 11.1】向客户机发送 cookie："X-Xsrftoken"值为"ENws5DTXtS22gPimz96h-YW3OA-pjnSQQP"，并设置过期时间为 10 分钟。

```php
<?php
$status = setcookie(' X-Xsrftoken ', " ENws5DTXtS22gPimz96hYW3OApjnSQQP",
time() + 60 * 10);
var_dump($status);
```

结果：

bool(true)

11.1.3　读取 cookie

给客户机设置了 cookie 之后，我们就需要获取 cookie。

$_COOKIE：获取通过 HTTP cookies 方式传递给当前脚本的变量。

语法：

$_COOKIE（[string $key]）：mixed

参数：

$key：获取 cookie 的键名，为空则返回一个包含所有 cookie 信息的数组。

返回值：

返回与 key 对应的值。key 为空则返回一个包含所有 cookie 信息的数组。

【例 11.2】判断客户机请求过来的 cookie 值,判断是否有"X-Xsrftoken",没有就返回"非法请求!",否则输出所有 cookie 值。

```php
<?php
$cookies = $_COOKIE;
if (!isset($cookies['X-Xsrftoken'])) {
    die("非法请求!");
}
print_r($cookies);
```

结果:

```
array(5) {
["remember_admin_59ba36addc2b2f9401580f014c7f58ea4e30989d"] =>
string(392) "eyJpdiI6IjNRZ1ZmaWdxN2R1WlZZ......"
["____utma"] =>string(55) "263463772.12730024…"
["____utmz"] =>string(70) "263463772.1566559363.1.1…."
["X-Xsrftoken"] =>string(244) "eyJpdiI6Im9cL0N3TkI0KF0bzBTS…."
["laravel_session"] =>string(244) "eyJpdiI6IkZLdFFNS21ZS==……."
}
```

11.1.4 删除 cookie

当我们设置、获取了 cookie 之后,可能有些 cookie 已经不再需要,那么就需要删除它。

在这里还是使用 setcookie 函数,删除原理就是设置过期时间。将 cookie 的过期时间设置为已过去的时间,那么 cookie 就会失效。

【例 11.3】注销用户,解除用户的请求令牌"X-Xsrftoken"。

```php
<?php
setcookie("X-Xsrftoken", "anything", time() - 1);
```

11.1.5 cookie 的生命周期

(1) cookie 的存在也是有生命周期的。

(2) cookie 不能跨域(夸服务器)获取,但是设置了 path 之后,可以在子域名中跨域。

(3) cookie 存活时间默认与浏览器进程相同,浏览器退出,cookie 会被销毁。

(4) cookie 的注意事项:在设置 cookie 之前不能有任何输出内容。

(5) cookie 存储有限制:浏览下的 cookie 数不能超过 300 个,每个服务器不能超过 20 个,所有 cookie 包含它们属性占据的数据大小不能超过 4 kB。

(6) cookie 不安全,可以被客户端更改,因此不要用 cookie 存储重要或者敏感数据。

(7) cookie 是以纯文本形式记录在文件中,安全性不高(可以删除)。

11.2　session

11.2.1　概述

1）什么是 session

session 是一种客户端与服务端更为安全的临时会话机制。

2）session 和 cookie 的区别

两者最大的区别就是：session 保存在服务器上，而 cookie 保存在用户的浏览器上。

cookie 有存储限制，而 session 却是没有限制的。

session 相对于 cookie 更加安全。其原因是用户无法获取服务器上的 session 信息。

3）session 和 cookie 的交互

当用户第一次访问网站的时候，如果服务器开启了 session，那么服务器就会生成唯一的 sessionID，并自动通过 http 的响应头（responseHeader）将这个 id 保存在用户的浏览器里面。同时，服务器也会将这个 sessionID 保存在本地，用于保持用户和服务的会话。当下次请求的时候，客户端会带上这个 cookie 去请求，便和服务器上的 sessionID 对应。例如：用户登录了网站，服务器设置了该用户的状态为已登录，把这个用户的 sessionID 上加一个状态，下次用户请求某个需要登录才能访问的页面，服务器就会根据这个用户的 sessionID 查看是否有这个状态，达到判断用户是否登录的目的。

11.2.2　创建 session 会话

session_start：启动新会话或者重用现有会话。

语法：

session_start（[array $options = array（）]）：bool

参数：

$options：此参数是一个关联数组，如果提供，那么会用其中的项目覆盖会话配置指示中的配置项。

此数组中的键无须包含 session. 前缀。

返回值：

成功开始会话返回 TRUE，反之返回 FALSE。

$_SESSION：获取，设置当前脚本的 SESSION 变量。

语法：

$_SESSION（[string $key]）：mixed

参数：

> $key：需要设置，获取 session 的键可以指定，在获取的时候如果没有指定，返回当前脚本所有的 session 变量。

返回值：

> 没有指定 key 的时候，获取 session 返回一个数组，设置 session 变量的时候，成功返回 TRUE，否则返回 FALSE。

【例 11.4】开启一个 session 会话，输出 sessionID，并将当前用户标记。当第二次访问的时候，判断是否有标记，有则输出"再次访问！"的字样。当用户访问次数达到 5 次之后，重置会话。

```php
<?php
session_start();
$sessionId = session_id();
printf("sessionID 是:%s<br/>", $sessionId);
if (isset($_SESSION['status'])) {
  if ($_SESSION['view_times'] >= 5) {
    session_destroy();
  } else {
    $_SESSION['view_times'] += 1;
    printf("当前是第%s 次访问<br/>", $_SESSION['view_times']);
    die("再次访问!");
  }
}
$_SESSION['status'] = 1;
$_SESSION['view_times'] = 1;
printf("当前是第%s 次访问", $_SESSION['view_times']);
```

结果：

```
第一次:
sessionID 是:uebqc8v1q8lf2ravhpliblnm68
当前是第 1 次访问
第二次:
sessionID 是:uebqc8v1q8lf2ravhpliblnm68
当前是第 2 次访问
再次访问!
第六次:
sessionID 是:uebqc8v1q8lf2ravhpliblnm68
当前是第 1 次访问
```

11.2.3　设置 session 时间

session 并不是永久存在的。如果没有设置 session 的过期时间,那么它的存活时间便是配置文件中的 1 440 秒。

打开 PHP 配置文件 php.ini,找到[Session]这个组:

```
[Session]
; Handler used to store/retrieve data.
; http://php.net/session.save-handler
session.save_handler = files
.....
```

找到:

```
; After this number of seconds, stored data will be seen as ' garbage ' and
; cleaned up by the garbage collection process.
; http://php.net/session.gc-maxlifetime
session.gc_maxlifetime = 1440
```

这个是 session 数据在服务器端储存的时间,如果超过这个时间,那么 session 数据就自动删除!

另外讲解一下这个组可能会涉及的函数:

```
session.use_cookies:默认的值是"1",代表 sessionID 使用 cookie 来传递,反之就是使用 Query_String 来传递;
session.name: 这个就是 sessionID 储存的变量名称,默认值是"PHPSESSID";
session.cookie_lifetime:这个代表 sessionID 在客户端 cookie 储存的时间,默认是 0(以秒为单位),代表浏览器一关闭 sessionID 就作废。
```

11.3　案例

【例 11.5】做一个简单的授权登录。设计一个登录表单页面 A,登录之后才能访问页面 B,如果没有登录就访问页面 B,然后跳转到页面 C,提示用户去 A 页面登录。

```
session_start();
if ($_SERVER[' REQUEST_METHOD '] == ' POST ') {
  echo doLogin();
  echo "点击跳转到 <a href='?page=center '>个人中心</a> ";
} else if ($_SERVER[' REQUEST_METHOD '] == ' GET ') {
  $page = isset($_GET[' page '])? $_GET[' page '] : "login";
```

```php
  if ($page == "login") {
    // 登录表单
    die(loginForm());
  } elseif ($page == "center") {
    // 个人中心 B
    middlewareAuth();
    printf("尊敬的用户%s,您好~", $_SESSION['auth:userName']);
  } elseif ($page == "logout") {
    unset($_SESSION['auth:login']);
    die("退出登录成功!");
  } else {
    die("页面不存在");
  }
} else {
  die("非法请求方式!");
}
// 登录表单
function loginForm()
{
  return '
<! DOCTYPE html>
<html lang="en">
<head>
  <meta charset="UTF-8">
  <title>Login</title>
</head>
<body>
<form action="" method="post">
  <input type="text" name="userName">
  <input type="password" name="password">
  <input type="submit" value="提交">
</form>
</body>
</html>
';
}
// 没有登录自动跳转页面
```

```php
function jumpPage( )
{
    return '
    <! DOCTYPE html>
<html lang = " en" >
<head>
    <meta charset = " UTF-8" >
    <title>notice</title>
</head>
<body>
<div>
    您还未登录,请您去 <a id = " login" >登录</a>, <span id = " shutdown" >10</span>
秒钟自动跳转登录页面!
</div>
<script>
    let urlLink = window.location.href.split( " ?" ) [ 0] ;
    let t = 10;
    let spanEle = document.getElementById( " shutdown" ) ;
    let login = document.getElementById( " login" ) ;
    login.setAttribute( " href" ,urlLink + " /?page = login" ) ;
    setInterval( function ( ) {
        if ( t <= 0) {
            window.location.href = urlLink + " /?page = login"
        }
        t--;
        spanEle.innerHTML = t;
    } ,1000)
</script>
</body>
</html>
';
}
//处理登录
function doLogin( )
{
    $ param             = $ _POST;
    $ userName           = $ param[ ' userName ' ] ;
```

```
    $_SESSION[ ' auth:login ' ] = 1;
     $_SESSION[ ' auth:userName ' ] = $userName;
    return "login success<br/>";
}
// 检查是否登录
function middlewareAuth( )
{
  if ( !isset($_SESSION[ ' auth:login ' ])) {
     die( jumpPage( ) );
  }
}
```

结果:

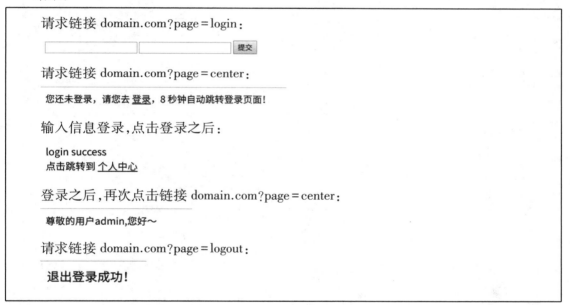

本章小结

  session 和 cookie 作用很大,在实际的项目中,通常被用来记住用户登录状态,涉及验证码的验证,实现限制登录(一个账号只能一个客户机登录)等。两者息息相关,相互依赖。session 的支持是离不开 cookie 的,最简单的例子就是登录授权,会返回一个 id,存入客户端中,下次访问带上这个 cookie 就可以访问一些权限控制的页面。session 与 cookie 相比,session 因为保存在服务器上,不会被窃取、修改,所以比保存在客户端上的 cookie 更加安全可靠。两者有利有弊,具体使用需要根据业务需求而设计。

<h1 style="text-align:center">练习</h1>

1.分别设计登录页面、个人中心页面、退出登录页面,要求:

用户在没有登录的情况下不能进入个人中心页面和退出登录页面。

2.创建三个用户:张三,李四,王二。新开三个隐身浏览窗口,让三个用户登录。问:同一台电脑同时登录三个用户,三个用户的 sessionID 是否一样,为什么？让其中一个用户删除 session,其余两人是否受影响,为什么？

3.删除存在浏览器的 cookie,然后访问个人中心,会出现什么情况,为什么出现这种情况？

第 *12* 章
PHP 图像处理

PHP 并不仅限于创建 HTML 输出，它也可以创建和处理包括 GIF，PNG，JPEG，WBMP 以及 XPM 在内的多种格式的图像。更加方便的是，PHP 可以直接将图像数据流输出到浏览器。要想在 PHP 中使用图像处理功能，就需要连带 GD 库一起来编译 PHP。本章中使用到的图片操作函数都是基于 GD 库。

12.1　创建图像

12.1.1　加载 GD 库

PHP 如果要创建图像，就需要先加载 GD 库扩展。GD 扩展是否开启，是能否成功生成图像的关键因素。我们先来打开本地 GD 扩展：

（1）鼠标左键单击软件图标，出现如图 12.1 所示列表。

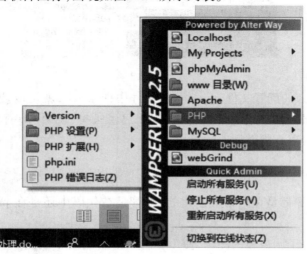

图 12.1

（2）光标滑动到"PHP 扩展"，出现 PHP 扩展列表，在列表中找到并勾选 php_gd2，如图 12.2 所示。如果已经勾选则不需要再次勾选，然后等软件自动重启即可。

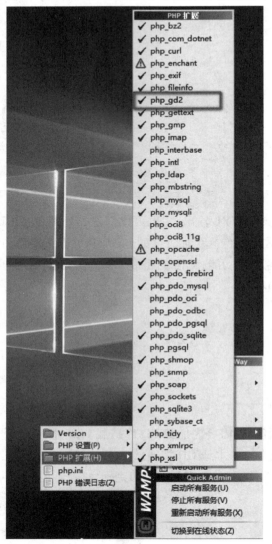

图 12.2

还可以打开 PHP 的配置文件 php.ini，在文件中搜索 GD，就可以搜索到 GD 的扩展库位置：extension=php_gd2.dll，该行开头位置的；如果已经去掉，说明 GD 库已经开启。本章提到的图像处理函数都可以正常使用。

12.1.2 创建画布

请记住，任何图像都是在画布上创建的，不管是在代码中还是在 ps 设计中，图像都是基于画布创建的。

首先介绍创建基于调色板的图像，使用 imagecreate 函数。

imagecreate——新建一个基于调色板的图像。

语法：

imagecreatetruecolor（int $x_size，int $y_size）：resource

参数：

$x_size：必填参数，用来设置图像宽度，值必须是整数类型。
$y_size：必填参数，用来设置图像高度，值必须是整数类型。

返回值：

返回一个图像标志符，代表了一幅大小为 x_size 和 y_size 的空白图像。

【例 12.1】创建一个基于调色板的图像。

```php
<?php
$im = imagecreate(120,30);
var_dump($im);
?>
```

结果：

resource（1）of type（gd）

运行结果显示该函数的返回数据类型是 resource 类型，代表了一幅大小为 x_size 和 y_size 的空白图像。

另外一个 imagecreatetruecolor 可以新建一个真彩色图像，使用方法与 imagecreate 一致。

imagecreatetruecolor：新建一个真彩色图像。

语法：

imagecreatetruecolor（int $width，int $height）：resource

参数：

$width：图像宽度。
$height：图像高度。

返回值：

成功后返回图像资源，失败后返回 FALSE。

【例 12.2】创建一个真彩色图像。

```php
<?php
$im = imagecreatetruecolor（120,30）;
var_dump($im);
```

结果：

```
resource（2）of type（gd）
```

【注意】

imagecreate 与 imagecreatetruecolor 的区别在于第一次对 imagecolorallocate（）的调用会给基于调色板的图像填充背景色，而不会给真彩色图像填充背景色。

两种函数创建画布默认背景色都是黑色的，输出到浏览器见例 12.3。

【例 12.3】创建画布并输出到浏览器。

```
<?php
header（' Content-Type：image/png '）；    //设置 header 指令设定输出图片类型
$im = @ imagecreatetruecolor（120，20）
    or die（' Cannot Initialize new GD image stream '）；//创建画布
imagepng（$im）；                        //输出画布
imagedestroy（$im）；                     //销毁图像
```

结果如图 12.3 所示。

图 12.3

如果要使输出的图像类型是 jpg 类型，那么 header 部分就可以设置为

```
header（' Content-Type：image/jpeg '）；
```

同时，输出画布的函数也要修改为

```
imagejpeg（$im）；
```

如果要使输出的图像类型是 gif 类型的，那么 header 部分就可以设置为

```
header（' Content-Type：image/gif '）；
```

同时输出画布的函数也要修改为

```
imagegif（$im）；
```

例 12.3 也就完成了创建画布并且输出到浏览器的功能。

12.1.3 载入图像

如果想要直接更改某图像的内容，可以使用载入图像的一些函数，例如要载入的图像是 jpg 类型的，就需要使用到 imagecreatefromjpeg。

```
imagecreatefromjpeg——由文件或 URL 创建一个新图像。
```

语法：

> imagecreatefromjpeg（string $filename）: resource

参数：

> $filename——JPEG 图像的路径。

返回值：

> 成功后返回图像资源，失败后返回 FALSE。

【例 12.4】载入图像。

```php
<?php
$imgname = 'image/cqgcxy.jpg';  //图像路径
$im = imagecreatefromjpeg($imgname);  //加载图像文件
var_dump($im);
?>
```

结果：

> resource（5）of type（gd）

从运行结果可以看出该函数返回数据类型是 resource 类型，代表了从给定的文件名取得的图像。载入失败则返回 false。将图像输出到浏览器见例 12.5。

【例 12.5】将加载的图片输出到浏览器。

```php
<?php
$imgname = 'image/cqgcxy.jpg';  //图像路径
$im = imagecreatefromjpeg($imgname);  //加载图像文件
if ($im == false) {   //加载文件失败
  echo "load image false";
exit;
} else {
  header('Content-Type: image/jpeg');   //设置 header 指令设定输出图片类型
  imagejpeg($im);                        //输出图片
}
?>
```

结果如图 12.4 所示。

图 12.4

假如图像文件不存在,运行结果如图 12.5 所示。

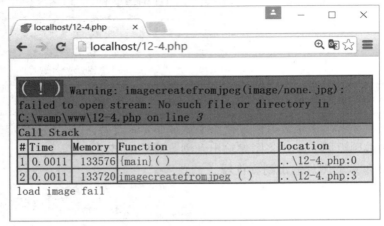

图 12.5

表 12.1　其他常用的载入图像的函数

imagecreatefrompng	用来载入 png 类型的图像
imagecreatefromgif	用来载入 gif 类型的图像
imagecreatefrombmp	用来载入 bmp 类型的图像

它们的使用方法与 imagecreatefromjpeg 一致。

12.2　常用图像函数

12.2.1　清除缓存

清除缓存函数 ob_clean( )用来丢弃输出缓冲区中的内容。有时候,我们在使用创建画布或者载入图像函数的时候,浏览器无法正常显示图像,这个时候就需要使用到清除缓存的函数,将浏览器的缓存清除以后,图像就可以正常显示了。该函数不仅仅用于清除图像缓存,有时候也用于清除文件缓存,比如无法生成正常的文件,可以使用该函数处理。该函数没有返回值也没有参数。

【例 12.6】使用清除缓存函数。

```php
<?php
ob_clean();
header('Content-Type: image/jpeg');         //设置 header 指令设定输出图片类型
$imgname = 'image/cqgcxy.jpg';
$im = @ imagecreatefromjpeg($imgname)
    or die('Cannot Initialize new GD image stream'); //载入图片
imagejpeg($im);                             //输出图片
imagedestroy($im);                          //销毁图像
?>
```

当然,还需要注意不是任何时候该函数都会起作用,输出缓冲必须已被 ob_start() 以 PHP_OUTPUT_HANDLER_CLEANABLE 标记启动,否则 ob_clean() 不会有效果。

12.2.2　分配颜色

创建画布默认是黑色的背景,假如想要设置画布背景为红色,就需要使用分配颜色的函数 imagecolorallocate()。

> imagecolorallocate——为一幅图像分配颜色。

语法:

> imagecolorallocate(resource $image, int $red, int $green, int $blue): int

返回一个标识符,代表了由给定的 RGB 成分组成的颜色。red,green 和 blue 分别是所需要颜色的红、绿、蓝成分。这些参数是 0 ~ 255 中的整数或者十六进制的 0x00 到 0xFF。imagecolorallocate() 必须被调用以创建每一种用在 image 所代表图像中的颜色。

表 12.2　imagecolorallocate() 的参数

$image	必填	resource 类型值	画布
$red	必填	整数类型值	RGB 红
$green	必填	整数类型值	RGB 绿
$blue	必填	整数类型值	RGB 蓝

【例 12.7】创建一个带颜色的画板。

```
<?php
$im = imagecreate(120,30); //加载图像文件
$color = imagecolorallocate($im, 0, 0, 255); //分配颜色
header("Content-type: image/jpeg;charset=utf-8"); //定义输出图形类型
imagejpeg($im);
?>
```

运行结果如图 12.6 所示。

图 12.6

运行结果可见该函数将蓝色分配给了基于调色板的图像,输出蓝色图像。

获取了背景颜色以后,我们需要使用另外一个函数,对创建的画布进行颜色填充。imagefill() 函数在图像的坐标 x,y(图像左上角为 0,0)处用 color 颜色执行区域填充(即与 x,y 点颜色相同且相邻的点都会被填充),然后就完成了画布颜色填充的功能。

【例 12.8】使用 imagefill() 函数。

```
<?php
header ('Content-Type: image/png');      //设置 header 指令设定输出图片类型
$im = imagecreatetruecolor(120, 20);
$color = imagecolorallocate($im, 255, 0, 0); //设置颜色为红色
imagefill($im, 0, 0, $color);              //填充整个图像
imagepng($im);                            //输出图像
imagedestroy($im);                         //销毁图像
?>
```

运行结果如图 12.7 所示。

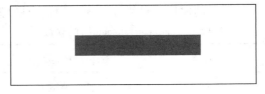

图 12.7

例中 imagefill() 函数的使用方法:

imagefill——区域填充。

语法:

imagefill (resource $image, int $x, int $y, int $color): bool

参数：

> $image：必填参数，值为画布 resource 类型，表示需要加颜色的图像。
> $x 和$y：必填参数，是画布某个填充颜色点，必须是整数类型的值。
> $color：参数是 imagecolorallocate 函数返回的颜色标识。

返回值：

> 成功为 TRUE，否则返回 FALSE。

12.2.3　输出图像

输出图像经常使用到的函数有 3 个，即 imagejpeg、imagegif、imagepng 等。这些函数都是将相应类型的图像输出到浏览器或者文件，但使用方法略有不同。

语法：

> imagejpeg（resource $image［，string $filename［，int $quality］］）：bool
> imagegif（resource $image［，string $filename］）：bool
> imagepng（resource $image［，string $filename］）：bool

参数：

> $image：必选参数，是图像创建函数如（imagecreate、imagecreatetruecolor）等返回的图像资源。

【例 12.9】以 imagejpeg 为例看一看原始图像流输出到浏览器的效果。

```php
<?php
$im = @ imagecreatetruecolor( 120, 20 )
    or die( ' Cannot Initialize new GD image stream ' );    //创建画布
$data = imagejpeg( $im );                                   //输出图像
var_dump( $data );
?>
```

结果：

> bool(true)

如果想要输出图片，则需要加上 header。

```php
<?php
header ( ' Content-Type：image/jpeg ' );        //设置 header 指令设定输出图片类型
$im = @ imagecreatetruecolor( 120, 20 )
    or die( ' Cannot Initialize new GD image stream ' );  //创建画布
$data = imagejpeg( $im );                                 //输出图像
var_dump( $data );
?>
```

运行结果如图 12.3 所示。

第 2 个参数是个可选参数,接受字符串类型的值,是从 $image 图像以 $filename 为文件名创建一个 jpg 图像,如果未设置或为 null,将会直接输出原始图像流,如例 12.8 图片输出到文件 a.jpg 的效果。这里文件名和文件路径都是相对于当前脚本文件的。

【例 12.10】生成画布,并写入到本地。

```php
<?php
$im = @ imagecreatetruecolor(120, 20)
    or die(' Cannot Initialize new GD image stream ');  //创建画布
$data = imagejpeg($im, ' image/a.jpg ');                 //输出图像
var_dump($data);
?>
```

结果:

```
bool(true)
```

运行以后会在当前文件同级目录的 image 文件夹中看到生成的新图片文件 a.jpg。

imagejpeg 第 3 个参数为可选项,范围为 0(最差质量,文件更小)到 100(最佳质量,文件最大)。默认的质量值大约为 75。

12.2.4 返回图像尺寸

getimagesize() 函数用于获取图像大小及相关信息,成功返回一个数组,失败则返回 FALSE 并产生一条 E_WARNING 级的错误信息。

语法:

getimagesize (string $filename): array

参数:

$filename:带测定的文件名。

返回值:

getimagesize() 函数将测定任何 GIF,JPG,PNG,SWF,SWC,PSD,TIFF,BMP,IFF,JP2,JPX,JB2,JPC,XBM 或 WBMP 图像文件的大小,并返回图像尺寸以及文件类型和一个可以用于普通 HTML 文件中 IMG 标记中的 height/width 文本字符串。

【例 12.11】使用 getimagesize 函数。

```php
<?php
$data = getimagesize("image/a.jpg");
var_dump($data);
?>
```

结果：

```
Array
(
  [0] => 120
  [1] => 20
  [2] => 2
  [3] => width="120" height="20"
  [bits] => 8
  [channels] => 3
  [mime] => image/jpeg
)
```

12.2.5　复制图像并改变尺寸

程序开发过程中可能会遇到需要缩略图的情况，也就是把正常图片的尺寸改小，然后保存或输出到浏览器中。PHP 中的 imagecopyresized 函数可以实现这种功能。

imagecopyresized——复制部分图像并调整大小。

语法：

imagecopyresized(resource $dst_image, resource $src_image, int $dst_x, int $dst_y, int $src_x, int $src_y, int $dst_w, int $dst_h, int $src_w, int $src_h) : bool

该函数总共有 10 个参数，想要了解这些参数的用法，首先来看例 12.12。例中完成了处理图像的一种功能。使用图形软件处理图像的时候，步骤通常是这样的：

（1）导入图像之前需要知道图像的宽、高和图像需要缩小的百分比。

（2）根据百分比计算出新的宽、高，我们需要先创建一个画布。

（3）把要处理的图像导入进来，复制图层。

（4）编辑图层并且保存，然后输入文件名就会保存成一个编辑后的图像文件。

【例 12.12】imagecopyresized 函数的使用。

```php
<?php
$filename = 'image/cqgcxy.jpg';          //定义需要修改的图像地址
$percent = 0.5;                          //定义需要缩小的图像百分比
header('Content-Type：image/jpeg');      //设置需要输出到浏览器图像类型头
list($width, $height) = getimagesize($filename);
                                          //获取原来图像的尺寸
$newwidth = $width * $percent;            //设定新图像宽度
$newheight = $height * $percent;          //设定信图形高度
```

```
    $ thumb = imagecreatetruecolor($ newwidth, $ newheight);
//根据新图像的宽高创建画布
    $ source = imagecreatefromjpeg($ filename);
//导入原始图像
    //复制原始图像并改变图像的大小
    imagecopyresized($ thumb, $ source, 0, 0, 0, 0, $ newwidth, $ newheight, $ width,
$ height);
    imagejpeg($ thumb);//输出到浏览器
    ?>
```

运行结果如图 12.8 所示。

图 12.8

从此例可以看出复制并改变图像大小的这个函数的各个参数的用法。这里把生成的小图暂时称为目标图像,把原来的图像称为源图。

表 12.3　imagecopyresized **各参数**

参数变量名	是否必填	值类型	含义
$ dst_image	是	resource	目标图像画布
$ src_image	是	resource	载入的源文件
$ dst_x	是	int	目标起始点横坐标
$ dst_y	是	int	目标起始点纵坐标
$ src_x	是	int	源文件起始点横坐标
$ src_y	是	int	源文件起始点纵坐标
$ dst_w	是	int	目标文件宽度
$ dst_h	是	int	目标文件高度
$ src_w	是	int	源文件宽度
$ src_h	是	int	源文件高度

12.3　添加文字

12.3.1　常用添加文字函数

利用函数 imagestring 可以水平地在画布上面画一行字符串。

语法：

imagestring（resource $image，int $font，int $x，int $y，string $s，int $col）：bool

该函数的参数都是必选参数。

表 12.4　imagestring 函数各参数

参数变量	值类型	含义
$image	resource	画布或者载入的源图
$font	int	GD 内置的字体值 1~5
$x	int	字串左上角在画布的起始横坐标
$y	int	字串左上角在画布的起始纵坐标
$s	string	字串内容
$col	int	字串颜色

【例 12.13】向图片添加文字。

```php
<?php
$im = imagecreate(300, 100); //创建画布
$white = imagecolorallocate($im, 255, 255, 255); //设定白色
$black = imagecolorallocate($im, 0, 0, 0); //设定黑色
$text = 'test...'; //设置要添加的字
// 把字符串写在图像左上角
imagestring($im, 5, 100, 30, $text, $black);
header("Content-type：image/jpeg；charset=utf-8"); //定义输出图形类型
imagejpeg($im); //输出到浏览器
?>
```

运行结果如图 12.9 所示。

图 12.9

12.3.2 写汉字

imagestring 函数只能输出字符,输出汉字会出现乱码,下面介绍另外一个添加文字的函数:imagettftext。

语法:

imagettftext (resource $ image , float $ size , float $ angle , int $ x , int $ y , int $ color , string $ fontfile , string $ text) : array

首先看参数全是必选参数,也就是使用该函数,所有的参数都必须添加。

表 12.5　imagettftext 函数各参数

参数	值类型	含义
$ image	资源类型	画布
$ size	浮点型	字体的尺寸
$ angle	浮点型	文字旋转的角度
$ x	整数	文字左上角横坐标
$ y	整数	文字左上角纵坐标
$ color	整数	Imagecolorallocate 函数返回值
$ fontfile	字符串	使用的字体路径
$ text	字符串	文字内容

返回值:

返回一个含有 8 个单元的数组表示了文本外框的四个角,顺序为左下角、右下角、右上角、左上角。这些点是相对于文本的,而和角度无关,因此"左上角"指的是以水平方向看文字时其左上角。

【例 12.14】向图片添加汉字。

```
<?php
header("Content-type：image/jpeg；charset=utf-8")；  //定义输出图形类型
$im = imagecreatetruecolor(300, 100)；              //创建画布
$white = imagecolorallocate($im, 255, 255, 255)；    //设定白色
$black = imagecolorallocate($im, 0, 0, 0)；          //设定黑色
imagefill($im, 0, 0, $white)；                      //给画布填充背景色为白色
$text = '测试'；                                    //设置要添加的字
$font = ' fonts/simkai.ttf '；                       //设置字体
                                                   //在画布上添加文字
imagettftext($im, 20, 0, 100, 70, $black, $font, $text)；
imagejpeg($im)；                                   //输出图像
?>
```

运行结果如图 12.10 所示。

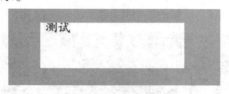

图 12.10

12.3.3　给照片加水印

给照片加水印可以简单地理解为在图片上面添加文字,并且文字需要是透明的。按照这个思路来了解一下分配颜色的另外一个函数 imagecolorallocatealpha。

imagecolorallocatealpha——为一幅图像分配颜色 + alpha

语法：

imagecolorallocatealpha（resource $image, int $red, int $green, int $blue, int $alpha）：int

参数：

该函数与本书 12.2.2 小节分配颜色函数 imagecolorallocate 使用方法相同,多了一个透明度的参数$alpha,必填参数,其值为 0~127。0 表示完全不透明,127 表示完全透明。
返回值也是整数类型的,颜色标识符。我们可以使用透明色来表示水印。

返回值：

如果分配成功返回 TRUE,失败则返回 FALSE。

【例 12.15】添加一个水印。

```php
<?php
header("Content-type：image/jpeg；charset=utf-8")；        //定义输出图形类型
$im = imagecreatefromjpeg('image/cqgcxy.jpg')；  //载入需要加水印的图像
$white = imagecolorallocatealpha($im, 255, 255, 255,70)；  //设定透明白色
imagefill($im, 0, 0, $white)                              //给画布填充背景色为
                                                          //白色
$text = '重庆工程学院'；                                   //设置要添加的字
$font = 'fonts\simkai.ttf'；                              //设置字体
                                                          //在画布上添加文字
$data = imagettftext($im, 20, 10, 150, 60, $white, $font, $text)；
imagejpeg($im)；//输出图像
?>
```

运行结果如图 12.11 所示。

图 12.11

12.4   PHP 验证码生成

12.4.1   验证码生成的原理

验证码是从服务器脚本随机生成的。想要制作验证码,需要先了解验证码生成的原理。

(1)PHP 系统核心绘图类库进行图片的绘制。

(2)绘图的那些随机的数字,字母,都是 PHP 预定义好的。

(3)将绘制图片的 URL 地址,通过网络返回给客户端,然后客户端可以使用 img 标签去引用这个验证码的地址。

(4)PHP 在绘制完毕验证码之后,注意随机选择生成的字母,不能丢弃,而是需要保存到

session 中。

（5）当客户端输入验证码完毕后,会提交表单,后端服务器会收到。

（6）将收到的用户验证码和本地 session 进行比较,一致为正确,否则错误,重新生成并替换原来的验证码。

（7）一个验证码只能使用一次。

12.4.2　生成验证码

验证码生成的原理已经知道了,下面来介绍如何生成验证码。

（1）确定验证码图片的大小,这里设定验证码宽度为 100,高度为 30。

（2）设定验证码内字符个数,常见的验证码有 4 个字符,这里也设定 4 个字符(GCXY)。

（3）确定验证码和字符颜色。

（4）输出图像。

（5）客户端可以使用 img 标签,去引用这个验证码的地址。

按照这个顺序,大家可以试着自己写一写,也可以参考例 12.16。

【例 12.16】创建一个验证码图片。

```php
<?php
$im = imagecreate(100,30); //设定图像尺寸
imagecolorallocate($im, 66, 66, 66); //设定图像背景色
$textcolor = imagecolorallocate($im, 255, 255, 255); //设定文字颜色
$text = "GCXY"; //设定验证码文字
//在画布上添加文字
imagestring($im, 5, 20, 4, $text, $textcolor);
header("Content-type: image/jpeg;charset=utf-8"); //定义输出图形类型
imagejpeg($im); //输出到浏览器
?>
```

运行结果如图 12.12 所示。

图 12.12

使用客户端脚本(html)标签引用图片地址就可以在页面上输出图像了。例如:

```
<img src="http://localhost/captcha.php" />
```

12.4.3　干扰线与干扰点生成

验证码只有简单的文字,很容易被机器识别,通常需要加入一些干扰线和干扰点,也可以简单地理解为在图像上面画一些线和点。

1）**画点函数** imagesetpixel

imagesetpixel——画一个单一像素

语法：

imagesetpixel（resource $image，int $x，int $y，int $color）：bool

表 12.6　imagesetpixel 函数各参数

参数	值类型	含义
$image	资源型	画布
$x	整数型	点横坐标
$y	整数型	点纵坐标
$color	整数型	颜色标识符

返回值：

生成成功返回 TRUE，否则返回 FALSE。

【例 12.17】生成干扰点。

```php
<?php
$im = imagecreate(100,30); //设定图像尺寸
imagecolorallocate($im, 66, 66, 66); //设定图像背景色
$textcolor = imagecolorallocate($im, 255, 255, 255); //设定像素点颜色
header("Content-type: image/jpeg;charset=utf-8"); //定义输出图形类型
for($i=1;$i<=30;$i++){ //设定在画布上面画多少个像素点
$i=$i+3;
imagesetpixel ($im, 50, $i,$textcolor);
}
imagejpeg($im); //输出到浏览器
?>
```

运行结果如图 12.13 所示。

图 12.13

2）**画线函数** imageline

imageline：画一条线段

语法：

> imageline（resource $image，int $x1，int $y1，int $x2，int $y2，int $color）：bool

参数：

> $image 参数是画布资源 imagecreate 或者 imagecreatefromjpeg 等函数的返回值。两个点能够确定一条线，$x1、$y1 表示线段第一个点的坐标，$x2、$y2 表示线段第二个点的坐标。$color 参数表示颜色标识符，颜色标识符是 imagecolorallocate 等分配颜色函数的返回值。

返回值：

> 生成成功返回 TRUE，否则返回 FALSE。

【例 12.18】画出干扰线。

```php
<?php
$im = imagecreate(100,30);//设定图像尺寸
imagecolorallocate($im, 66, 66, 66);//设定图像背景色
$textcolor = imagecolorallocate($im, 255, 255, 255);//设定像素点颜色
header("Content-type：image/jpeg；charset=utf-8");//定义输出图形类型
imageline($im,10,10,15,20,$textcolor);//画一条线
imageline($im,10,10,10,25,$textcolor);//再画一条线
imageline($im,10,10,60,10,$textcolor);//再画一条线
imagejpeg($im);//输出到浏览器
?>
```

运行结果如图 12.14 所示。

图 12.14

12.4.4　加入随机参数

为了使验证码不容易被机器分析出来，我们需要随机生成验证码，还需要在图像上面随机地加入干扰点和干扰线，见例 12.19。

【例 12.19】验证码图片加入随机数。

```php
<?php
$im = imagecreate(100,30);//设定图像尺寸
//设定图像随机背景色
imagecolorallocate($im, rand(0,255), rand(0,255), rand(0,255));
for ($i=0; $i <20;$i++) {//在画布上面画 20 个像素点
```

```
//设定随机像素点颜色
$pointcolor = imagecolorallocate($im, rand(0,255), rand(0,255), rand(0,255));
imagesetpixel($im, rand(0,100), rand(0,30), $pointcolor);
}
for ($j=0; $j < 3; $j++) { //在画布上面画 3 条线
//设定随机干扰线颜色
$linecolor = imagecolorallocate($im, rand(0,255), rand(0,255), rand(0,255));
imageline($im, rand(0,100), rand(0,30), rand(0,100), rand(0,30), $linecolor);
}
//设定可选字符
$str = '1234567890qwertyuiopasdfghjklzxcvbnm';
$text="";
for ($k=0; $k <4;$k++) { //设定验证码字符个数
//设定验证码文字随机颜色
        $text.=$str[rand(1,36)];
}
$textcolor = imagecolorallocate($im, rand(0,255), rand(0,255), rand(0,255));
imagestring($im, 4,5, 8, $text, $textcolor);
header("Content-type: image/jpeg;charset=utf-8"); //定义输出图形类型
imagejpeg($im); //输出到浏览器
?>
```

运行结果如图 12.15 所示。

图 12.15

12.4.5 验证码的应用

为防止恶意破解密码、刷票、论坛灌水、刷页,有效防止某个黑客对某一个特定注册用户用特定程序暴力破解方式进行不断的登录尝试,使用验证码是现在很多网站通行的方式(比如招商银行的网上个人银行、百度社区),我们利用比较简易的方式实现了这个功能。

那么生成的验证码如何验证呢? 这需要使用服务器缓存 session 来解决。在输出验证码字符串的同时把验证码字串存入服务器缓存,当用户提交输入的验证字串到服务器时,将字符串与服务器缓存字串进行对比,如果一致则验证通过,不一致则提示验证错误。具体应用见例 12.20。

【例 12.20】验证码的使用。

```
<meta charset="utf-8">
<form action="12-20.php" method="post">
请输入验证码<input type="text" name="captha" />
<img src="12-18.php" /><br/>
<input type="submit" name="submit" value="提交">
</form>
```

运行结果如图 12.16 所示。

图 12.16

生成验证码同时存入 session, 代码如下:

```php
<?php
$im = imagecreate(100,30); //设定图像尺寸
//设定图像随机背景色
imagecolorallocate($im, rand(0,255), rand(0,255), rand(0,255));
for ($i=0; $i <20;$i++){ //在画布上面画 20 个像素点
//设定随机像素点颜色
$pointcolor = imagecolorallocate($im, rand(0,255), rand(0,255), rand(0,255));
imagesetpixel($im, rand(0,100), rand(0,30), $pointcolor);
}
for ($j=0; $j < 3; $j++){ //在画布上面画 3 条线
//设定随机干扰线颜色
$linecolor = imagecolorallocate($im, rand(0,255), rand(0,255), rand(0,255));
imageline($im, rand(0,100), rand(0,30), rand(0,100), rand(0,30), $linecolor);
}
//设定可选字符
$str = ' 1234567890qwertyuiopasdfghjklzxcvbnm ';
$text="";
for ($k=0; $k <4;$k++){ //设定验证码字符个数
//设定验证码文字随机颜色
    $text.=$str[rand(1,36)];
}
session_start(); //启用服务器缓存
```

165

```php
$_SESSION['captha'] = $text;    //将验证码存入服务器缓存
$textcolor = imagecolorallocate($im, rand(0,255), rand(0,255), rand(0,255));
imagestring($im, 4, 5, 8, $text, $textcolor);
header("Content-type: image/jpeg;charset=utf-8");  //定义输出图形类型
imagejpeg($im);  //输出到浏览器
?>
```

接收并且验证验证码,代码如下:

```php
<?php
header("charset=utf-8");
if (! empty($_POST)) {
session_start();
if (trim($_POST['captha']) == trim($_SESSION['captha'])) {
    echo "success";
} else {
    echo "fail";
}
}
?>
```

结果:

```
success
```

本章小结

本章主要为大家讲解一些常用的 GD 库函数,首先讲解了如何配置启用 GD 库,然后使用一些图像处理函数创建画布,为画布填充颜色,在画布上面写字,设置字体,画点画线;还介绍了图片处理的两个常用功能,如图片水印和验证码制作的功能。GD 库还有很多的其他函数,大家可以查看手册来进一步了解。

练 习

1.根据本章内容创建一个 400×400 的灰色图像。

2.写一个随机生成 6 位数的方法,生成一个 6 位字符,包含数字字母的验证码。

3.在每张验证码的右下角加上自己的昵称作为水印。

4.结合例 12.20,完成一个验证码生成,输入验证的功能(经典)。

第13章

PHP 文件与应用

13.1　文件处理

程序运行时,会涉及对日志的存储,对某些秘钥写入,此时可能会涉及程序对文件的操作。PHP 也为开发者提供了很强大的文件操作功能。

13.1.1　打开文件

在 PHP 中,它提供了 fopen 函数为我们打开一个文件。

fopen——打开文件或 url

语法:

fopen（string $filename, string $mode [, bool $use_include_path = false [, resource $ context]]）: resource

参数:

$filename:如果是"scheme://…"的格式,那么该参数就会被当成一个 URL 来使用,否则就会当成一个普通的文件名。

$mode:指定所要求到该流的访问类型。

返回值:

成功时返回文件指针资源,如果打开失败,则返回 FALSE。

【例 13.1】以读取的方式打开一个不存在的文件。

```
<?php
$file = fopen( ' newfile.txt ',' r '); //打开不存在的文件
var_dump($file);
?>
```

结果：

```
bool(false)
PHP Warning：fopen(newfile.txt)：failed to open stream：No such file or directory…
```

从例 13.1 中能够看到 fopen 函数会检查需要打开的文件或地址是否可以访问,如果文件不存在或者没有访问权限,PHP 会根据不同的访问类型作出特殊处理。

第二个参数可能的值以及返回结果：

r	以只读的方式打开文件,将文件指针指向文件头。
r+	以读写方式打开文件,将文件指针指向文件头。

【例 13.2】以写入的方式打开一个不存在的文件

```
<?php
$file = fopen( ' newfile.txt ',' w '); //打开不存在的文件
var_dump($file);
?>
```

结果：

```
resource(5) of type (stream)
```

特别参数说明：

w	以写入方式打开,将文件指针指向文件头并将文件大小截为零。如果文件不存在则尝试创建之。
w+	以读写方式打开,将文件指针指向文件头并将文件大小截为零。如果文件不存在则尝试创建之。

【例 13.3】以"a"的方式打开一个不存在的文件。

```
<?php
$file = fopen( ' newfile.txt ',' a '); //读取不存在的文件
var_dump($file);
?>
```

结果：

```
resource(5) of type (stream)
```

特别参数说明：

a	以写入方式打开,将文件指针指向文件末尾。如果文件不存在则尝试创建之。
a+	以读写方式打开,将文件指针指向文件末尾。如果文件不存在则尝试创建之。

【例 13.4】以创建写入的方式打开文件。

```php
<?php
$file = fopen(' newfile.txt ',' x '); //打开已存在的文件
var_dump($file);
?>
```

结果：

```
bool(false)
PHP Warning：fopen(newfile.txt)：failed to open stream：File exists in…
```

特别参数说明：

x	创建并以写入方式打开,将文件指针指向文件头。如果文件已存在,则 fopen() 调用失败并返回 FALSE,并生成一条 E_WARNING 级别的错误信息。如果文件不存在则尝试创建之。
x+	创建并以读写方式打开,其他行为和"x"一样。

第三个参数是可选参数$use_include_path,默认是布尔类型的 false,当设置为 true 时可以在 include_path 中搜寻文件。(include_path 为配置文件 php.ini 中的配置项)。

第四个参数为可选参数,参照上下文的数据流类型。

13.1.2　读取文件

当以正确的方法打开文件之后,就可以读取文件里面的内容。PHP 提供了 fread 函数来帮助我们获取文件里面的内容。

fread——读取文件。

语法：

fread (resource $handle, int $length)：string

参数：

$handle:资源类型的变量,文件系统指针,是典型的由 fopen() 创建的 resource(资源)。

$length:整数类型的变量,表示最多读取 length 个字节。

返回值：

返回所读取的字符串,或者在失败时返回 FALSE。

【例 13.5】读取本地文件。

```php
<?php
$filename = ' newfile.txt ';
$file = fopen($filename, ' r ');
$content = fread($file, filesize($filename));
var_dump($content);
?>
```

结果：

```
string(13) "made in china"
```

说明：文件里面只有"made in china"这几个字符。

使用 fread 函数的时候，必须使用 fopen 函数打开一个文件，前者依赖后者。如果嫌这个操作麻烦，PHP 还提供了另一个函数帮助我们获取文件里面的内容。

file_get_contents——将文件读取成字符串。

语法：

file_get_contents (string $filename [, bool $use_include_path = false [, resource $context [, int $offset = −1 [, int $maxlen]]]]) : string

参数：

$filename：要读取文件的完整地址。

$use_include_path：是否搜寻 include_path，如果需要设置成 1。

$context：规定文件句柄的环境。

$offset：读取的偏移位置。

返回值：

成功时返回文件内容字符串，失败时返回 FALSE。

【例 13.6】使用该函数获取文件内容。

```php
<?php
$filename = ' newfile.txt ';
$content = file_get_contents($filename);
var_dump($content);
?>
```

结果：

```
string(13) "made in china"
```

说明：文件里面只有"made in china"这几个字符。

第一个必选参数字符串类型,表示要读取的文件名称。

【例 13.7】使用该函数发起请求。

```php
<?php
header( "Content-type:text;charset:utf8" );
$filename = ' http://www.cqie.edu.cn ';
$content = file_get_contents($filename);
var_dump($content) ;
?>
```

运行部分结果如图 13.1 所示。

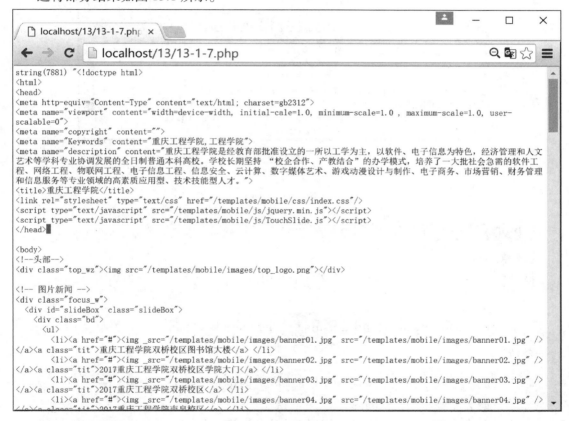

图 13.1

从案例中可见,该函数可以将文件内容或者某网址内容读入字符串。

第二个参数是可选参数$use_include_path,默认是布尔类型的 false,当设置为 true 时可以在 include_path 中搜寻文件。(include_path 为配置文件 php.ini 中配置项)。

第三个参数为可选参数,参照上下文的数据流类型。

第四个参数为整数类型的变量$offset,表示读取的起始位置,最后一个可选参数也是整数类型,表示读取的最大长度。

如果读取的内容过长,可以截取一部分进行读取。

【例 13.8】使用该函数的截取功能。

```php
<?php
$filename = ' http://www.cqie.edu.cn ';
$content = file_get_contents($filename, false, NULL, 0, 200);
var_dump($content) ;
?>
```

运行结果如图 13.2 所示。

图 13.2

13.1.3 写入文件

fwrite——将内容写入一个打开的文件中。

【注意】

该函数也必须在 fopen 函数打开的文件中使用。

语法：

fwrite（resource $handle, string $string [, int $length]）: int

参数：

$handle：文件系统指针,是典型的由 fopen( ) 创建的 resource(资源)。

$string：为需要写入文件的内容。

$length：如果指定了 length,当写入了 length 个字节或者写完了 string 以后,写入就会停止。

返回值：

fwrite( ) 返回写入的字符数,出现错误时则返回 FALSE。

【例 13.9】向一个文件写入字符。

```php
<?php
$filename =' newfile.txt ';
$handle = fopen($filename,' a ');//以写入方式打开,文件指针指向文件末尾
$end = fwrite($handle,',phper ');
var_dump($end);
?>
```

结果:

```
int(6)
```

文件内容信息:"made in china,phper"。

【例 13.10】指定 lenth 的写入方式。

```php
<?php
$filename =' newfile.txt ';
$handle = fopen($filename,' a ');//以写入方式打开,文件指针指向文件末尾
$end = fwrite($handle,',phper ',2);
var_dump($end);
?>
```

结果:

```
int(6)
```

文件内容信息:"made in china,phper,p"。

从运行结果可以看出,该函数第三个参数设定了写入文件 2 字节,结果只有",p"写入了文件内容,字串其他部分没有写入文件。

13.1.4　关闭文件

文件在操作完成之后,需要关闭,否则文件会一直存在内存中,直到 PHP 的回收机制发现才会处理。PHP 提供了 fclose 函数。

fclose——关闭由 fopen 打开的文件。

语法:

fclose (resource $handle) : bool

参数:

$handle:通过 fopen()成功打开的文件指针。

返回值:

成功返回 TRUE,否则返回 FALSE。

【例 13.11】关闭一个打开的文件。

```php
<?php
$filename =' newfile.txt ';
$handle = fopen($filename,' r ');//以只读方式打开文件
fread($handle,filesize($filename));
$end = fclose($handle);
var_dump($end);
?>
```

结果：

```
bool(true)
```

13.2　设置文件属性

13.2.1　获取文件大小

PHP 提供了 filesize 函数来帮助开发者获取文件大小。

filesize——获取文件大小。

语法：

filesize（string $filename）：int

参数：

$filename：需要获取文件大小的文件路径。

返回值：

返回文件大小的字节数，如果出错，则返回 FALSE 并生成一条 E_WARNING 级的错误。

【例 13.12】获取文件大小。

```php
<?php
$filename =' newfile.txt ';
$size = filesize($filename);
var_dump($size);
?>
```

结果：

> int(21)

由此例可以看出该函数返回的是文件的大小,函数的返回值为整数类型。

13.2.2　获取路径信息

Pathinfo——返回文件的路径信息。

语法：

pathinfo (string $ path [, int $ options = PATHINFO _ DIRNAME | PATHINFO _ BASENAME | PATHINFO_EXTENSION | PATHINFO_FILENAME]) : mixed

参数：

$path:要解析的路径。

$options:如果指定了,将会返回指定元素,包括 PATHINFO_DIRNAME,PATHINFO_BASENAME 和 PATHINFO_EXTENSION 或 PATHINFO_FILENAME。

返回值：

该函数返回一个关联数组,包含有 path 的信息。返回关联数组还是字符串取决于 options。

【例 13.13】获取文件信息。

```php
<?php
$path_parts = pathinfo( ' newfile.txt ' );
echo '<pre>';
print_r($path_parts);
echo '</pre>';
?>
```

结果：

```
<pre>Array
(
    [dirname] => .
    [basename] => newfile.txt
    [extension] => txt
    [filename] => newfile
)
</pre>
```

该函数第一个参数是必选参数,需要返回信息的文件,第二个参数是可选参数,返回内容选项。

【例 13.14】以 PATHINFO_BASENAME 模式获取文件信息。

```php
<?php
$path_parts = pathinfo( ' newfile.txt ',PATHINFO_BASENAME );
echo '<pre>';
print_r($path_parts);
echo '</pre>';
?>
```

结果:

```
<pre>newfile.txt</pre>
```

该函数主要可以用来分析文件路径和文件信息。

13.2.3 判断文件是否正常

当目标文件损坏,或不是一个文件的时候,我们就不能对其进行、读取写入等操作的,于是 PHP 提供了 is_file 函数来判断文件是否合法。

is_file:判断给定文件名是否为一个正常的文件。

语法:

is_file(string $filename): bool

参数:

$filename:指定文件的路径。

返回值:

如果文件存在且为正常的文件,则返回 TRUE,否则返回 FALSE。

【例 13.15】判断文件是否存在函数的使用。

```php
<?php
var_dump(is_file( ' newfile.txt ' )) ;
?>
```

结果:

```
bool(true)
```

13.3　操作文件目录

13.3.1　打开目录

opendir——打开一个目录。

语法：

opendir（string $path［, resource $context］）: resource

参数：

$path：需要打开的目录路径。

返回值：

如果成功则返回目录句柄的 resource，失败则返回 FALSE。

【例 13.16】打开一个文件地址。

```php
<?php
$dir = "c:/Apache24/www/13/";
$dh = opendir($dir);
var_dump($dh);
?>
```

结果：

PHP Warning：opendir（****）: failed to open dir：Not a directory in…
bool（false）

13.3.2　检查目录

is_dir——判断给定文件路径是否是一个目录，是否存在。

语法：

is_dir（string $filename）: bool

参数：

$filename：文件路径。

返回值：

文件路径存在且是一个目录，返回 TRUE，否则返回 FALSE。

【例 13.17】判断文件是否是一个文件目录。

```php
<?php
$dir = "c:/Apache24/www/13/";
$end = is_dir($dir);
var_dump($end);
?>
```

结果:

```
bool(true)
```

13.3.3 关闭目录

closedir——关闭由 dir_handle 指定的目录流。流必须之前被 opendir() 所打开。

语法:

```
closedir([resource $dir_handle]): void
```

参数:

$dir_handle:由 opendir 打开的文件流。

【例 13.18】关闭打开的文件目录。

```php
<?php
$dir = "c:/Apache24/www/13/";
$end = is_dir($dir);
if ($end) {
$handle = opendir($dir);
$res = closedir($handle);
}
var_dump($res);
?>
```

结果:

```
NULL
```

13.3.4 浏览目录

scandir——列出指定路径中的文件和目录。

语法:

```
scandir(string $directory [, int $sorting_order [, resource $context]]): array
```

参数：

$directory：目录路径。

返回值：

返回一个 array，包含 directory 中的文件和目录。

【例 13.19】浏览一个目录。

```php
<?php
$dir = "/home/";
echo "<pre>";
var_dump(scandir($dir));
echo "</pre>";
?>
```

结果：

```
<pre>array(4) {
[0] =>
string(6) "root"
[1] =>
string(10) ".____ main.db"
[2] =>
string(2) ".."
[3] =>
string(1) "."
}
</pre>
```

13.4　操作文件指针

简单地说，指针就是用来告诉 PHP 在什么地方操作什么内容。

13.4.1　对指针定位

fseek——把文件指针从当前位置向前或向后移动到新的位置，新位置从文件头开始以字节数度量。请注意，移动到文件末尾（EOF）之后的位置不会产生错误。

语法：

fseek（resource $handle，int $offset [，int $whence = SEEK_SET]）：int

参数：

$handle：为资源类型，fopen 函数打开的文件。

$offset：为整数类型，表示偏移量。

$whence：为整数类型可选参数，该参数的值只有 4 个常量可选。

SEEK_SET：设定位置等于 offset，默认。

SEEK_CUR：设定位置为当前位置加上 offset。

SEEK_END：设定位置为文件末尾（EOF）加上 offset（要移动到文件末尾之前的位置，offset 必须是一个负值）。

返回值：

如果成功，该函数返回 0；如果失败，则返回 −1。

【例 13.20】文件指针的操作。

```php
<?php
$file = fopen("newfile.txt","r"); //以只读方式打开文件
fseek($file,2); //将文件指针向后移动两个字节
$res = fread($file,filesize($file)); //读取文件内容
echo $res; //输出到浏览器
?>
```

结果：

de in china,p

文件信息："made in chain php"。

13.4.2　指针回到开头

rewind——将文件指针的位置倒回文件的开头。

语法：

rewind（resource $handle）：bool

参数：

$handle，文件指针必须合法，并且指向由 fopen（）成功打开的文件。

返回值：

若成功，则返回 true；若失败，则返回 false。

【例 13.21】文件指针的操作。

```php
<?php
$handle = fopen(' newfile.txt ', ' r+'); //以读写方式打开文件
fwrite($handle, ' Really long sentence.'); //写入字符串
rewind($handle); //文件指针倒回文件开头
fwrite($handle, ' Foo '); //写入字符串
rewind($handle); //指针倒回文件开头
echo fread($handle, filesize(' newfile.txt ')); //读取文件
fclose($handle); //关闭文件
?>
```

结果：

> Foolly long sentence.

13.4.3 返回指针的位置

ftell——返回在打开文件中的当前位置。

语法：

> ftell (resource $handle)：int

参数：

该函数只有一个参数，文件指针 file 必须是有效的，且必须指向一个通过 fopen()成功打开的文件。在附加模式(加参数"a"打开文件)中，ftell() 会返回未定义错误。

返回值：

> 返回文件指针的当前位置，如果失败则返回 FALSE。

【例 13.22】获取指针位置。

```php
<?php
$file = fopen("newfile.txt","r"); //以只读方式打开文件
echo ftell($file); // 输出当前位置
echo "<br/>";
fseek($file,"15"); // 改变当前位置
echo ftell($file); // 再次输出当前位置
fclose($file); //关闭文件
?>
```

结果：

> 0
> 15

13.4.4　是否文件末尾

feof——测试文件指针是否到了文件结束的位置。

语法：

feof（resource $handle）：bool

参数：

$handle：当前文件指针。

返回值：

返回值如果出错或者文件指针到了文件末尾（EOF）则返回 TRUE，否则返回 FALSE。

【例 13.23】判断是否到文件末尾。

```php
<?php
$file = fopen("newfile.txt", "r"); //以只读方式打开一个文件
$i = 0;
while(! feof($file)) //判断文件指针是否到最后位置
{
fseek($file,$i);//光标向前移动 i 个字节
echo fread($file,1); //读取一个字节
$i++;
}
fclose($file);
?>
```

结果：

Foolly long sentence.

13.5　文件上传

文件上传功能是将文件上传到服务器，并保存在服务器的某个位置。

13.5.1　配置 php.ini

下面介绍一下文件上传的几个基础配置，首先是打开 php.ini 检查 file_uploads = On。该配置项开启则允许 http 文件上传，upload_max_filesize = 20M 为允许上传的最大文件，max_file_uploads = 20 为允许上传的文件最大数量。

13.5.2　预定义变量$_FILES

当文件上传过来的时候,我们应该用什么姿势接受呢?

$_FILES:PHP 预定义变量,获取上传过来的文件流信息。

接收文件的变量$_FILES 默认是个空数组。该变量接收到数据的时候是个有确定键的数组。

【例 13.24】上传文件,获取文件流操作。

```
<form action=" " method=" post" enctype=" multipart/form-data" >
<input type=" file" name=" image" >
<input type=" submit" name=" submit" value=" 上传" >
</form>
<?php
if ( isset($_POST[ ' submit ' ])) {
echo " <pre>" ;
    print_r($_FILES) ;
    echo " </pre>" ;
}
?>
```

结果:

```
选择文件 未选择任何文件          上传
Array
(
  [image] => Array
    (
      [name] => -1a81aaa4c6756a1.jpg
      [type] =>
      [tmp_name] =>
      [error] => 1
      [size] => 0
    )
)
```

案例中可见$_FILES 变量接收到数据后会得到一个二维数组,最底层 name 的值表示上传的文件名,type 表示文件类型,tmp_name 表示文件上传后的临时文件名,error 表示上传过程中是否出错,size 表示上传文件的大小。

13.5.3　文件上传函数

在接收到文件之后,我们需要进行验证,然后才能进行写入操作。

is_uploaded_file:判断文件是否是通过 HTTP POST 上传的。

语法:

is_uploaded_file（string）：bool

参数:

$filename:$_FILE 里面的文件名。

返回值:

如果 filename 所给出的文件是通过 HTTP POST 上传的,则返回 TRUE;失败则返回 FALSE。这可以用来确保恶意的用户无法欺骗脚本去访问本不能访问的文件。

【例 13.25】判断是否是上传文件操作。

```php
<form action="" method="post" enctype="multipart/form-data">
<input type="file" name="image">
<input type="submit" name="submit" value="上传">
</form>
<?php
if（isset($_POST['submit']））{
if（is_uploaded_file($_FILES['image']['tmp_name']））{
   echo "File ". $_FILES['image']['name'] ." uploaded successfully.\n";
} else {
   echo "Possible file upload attack: ";
   echo "filename '". $_FILES['image']['tmp_name'] . "'.";
}
}
?>
```

结果如图 13.3 所示。

图 13.3

验证完成之后,便是真正的上传操作,把用户上传的文件写入本地。

move_uploaded_file:将上传的文件移动到新位置。本函数检查并确保由 filename 指定的文件是合法的上传文件(即通过 PHP 的 HTTP POST 上传机制所上传的)。
语法:

> move_uploaded_file (string $ filename , string $ destination) : bool

参数:

> $ filename:上传的文件的文件名。
> $ destination:移动文件到这个位置。

返回值:

> 如果文件合法,则将其移动为由 destination 指定的文件。成功时返回 TRUE。如果 filename 不是合法的上传文件,则不会出现任何操作,move_uploaded_file() 将返回 FALSE。如果 filename 是合法的上传文件,但出于某些原因无法移动,则不会出现任何操作,move_uploaded_file() 将返回 FALSE。此外还会发出一条警告。

【例 13.26】文件的移动操作。

```php
<form action = " " method = " post " enctype = " multipart/form-data " >
<input type = " file " name = " image " >
<input type = " submit " name = " submit " value = " 上传 " >
</form>
<?php
if ( isset($ _POST[ ' submit ' ] ) ) {
    if ( is_uploaded_file($ _FILES[ ' image ' ][ ' tmp_name ' ] ) ) {
            $ pic_path = " ../13/ ".$ _FILES[ ' image ' ][ ' name ' ];
            $ tmp_name = $ _FILES[ ' image ' ][ ' tmp_name ' ];
            if ( move_uploaded_file($ tmp_name , $ pic_path ) ) {
                echo " success ";
            } else {
                echo " fail ";
            }
    } else {
        echo "Possible file upload attack: ";
        echo "filename '". $ _FILES[ ' image ' ][ ' tmp_name ' ] . " '.";
    }
}
?>
```

运行结果如图 13.4 所示。

图 13.4

13.5.4　多个文件上传

步骤：

（1）创建表单 post 提交方式，编码选择 multipart/form-data。

（2）创建多个文件域。

$_FILES：接收文件数据。

（3）将文件移动到指定的目录。

【例 13.27】多文件上传操作。

```
<form action="" method="post" enctype="multipart/form-data">
<table align="center">
<tr>
        <td>上传图片一:</td>
        <td><input type="file" name="image[ ]"></td>
</tr>
<tr>
        <td>上传图片二:</td>
        <td><input type="file" name="image[ ]"></td>
</tr>
<tr>
        <td>上传图片三:</td>
        <td><input type="file" name="image[ ]"></td>
</tr>
<tr>
<td colspan="2" align="center"><input type="submit" name="submit" value="上
传"></td>
</tr>
</table>
</form>
<?php
if (isset($_POST['submit'])) {
echo "<pre>";
print_r($_FILES);
echo "</pre>";
}
?>
```

运行结果如图 13.5 所示。本例希望大家能够看到接收多文件时$_FILES 变量的结构，以及多文件上传表单的创建方式。

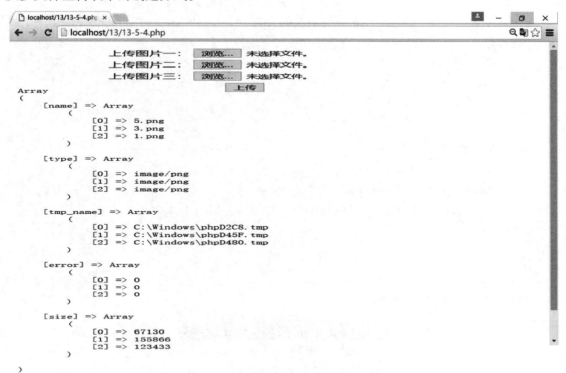

图 13.5

【例 13.28】多文件操作。

```
<form action = "" method = "post" enctype = "multipart/form-data">
<table align = "center">
<tr>
        <td>上传图片一：</td>
        <td><input type = "file" name = "image[ ]"></td>
</tr>
<tr>
        <td>上传图片二：</td>
        <td><input type = "file" name = "image[ ]"></td>
</tr>
<tr>
        <td>上传图片三：</td>
        <td><input type = "file" name = "image[ ]"></td>
```

```
        </tr>
        <tr>
        <td colspan="2" align="center"><input type="submit" name="submit" value="上
传"></td>
        </tr>
        </table>
        </form>
        <?php
        if (isset($_POST['submit'])) {
            $files = $_FILES['image'];
            foreach ($files['tmp_name'] as $value) {
                move_uploaded_file($value, '../13/'.uniqid().".jpg");
            }
        }
        ?>
```

本例运行结果如图 13.6 所示。

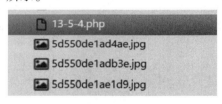

图 13.6

本章小结

　　本章主要讲解了文件相关的函数以及操作文件夹的一些函数,详细讲解了每个函数的用法。其中,对文件的操作是非常重要的,最常见的就是对 PHP 运行日志的记录,需要对文件进行写入、读取操作。如果对其有管理的功能,还有可能涉及对日志文件目录的操作,对文件属性的操作等。所有的函数实用性非常高。再就是对文件上传的操作,也是读者必须掌握的,因为 PHP Web 中必定有一项文件上传操作,这个操作十分简单,但也需要注意很多的细节,包括目录是否可写可读等细节问题,稍微不注意就可能导致文件上传失败。

练　习

1.判断当前目录是否存在 image 目录,如果不存在则创建之。

2.在 image 文件夹中创建一个新文件 upload.log 日志文件,如果存在,之后的日志便从末尾写入,如果不存在,创建之,并在日志开头记录如下信息:时间,文件路径,作者,注释,要求一个题目一行。

3.上传图片到 image 文件夹,并将按要求写入日志:【时间】-【原文件名】-【上传之后的服务器文件名】-【文件类型】。

第 **14** 章
面向对象

14.1 面向对象基本概念

面向对象编程是最有效的软件编写方法之一。

什么是面向对象?万物皆对象。一辆车可以看作一个对象,一个人也可以看作一个对象。在面向对象编程中,以表现实体创建类,并基于这些类来创建对象,而这些类往往都有通用的行为。

使用面向对象的原因:面向对象能更加贴合真实世界,有利于大型业务的创建和理解。

面向对象的实质:把生活中要理解的问题都通过对象的方式进行存储,对象和对象通过方法的调用完成互动。

面向对象的基本思路:识别对象,识别对象的属性,识别对象行为。

面向对象的基本原则:对象内部是高内聚的,因为对象只负责一项特定的功能。对象对外是低耦合的,从外部能看到对象的一些基本属性,而从内部能看对象可以做哪些事情。

14.1.1 类

什么是类?把具有相似特性(相同的方法和属性)的对象归到一类中,就是类。

类的实例化:通过类定义创建了一个类的对象。

14.1.2 对象

对象是类的实例。

对象的基本组成:对象通常由元素和行为组成。对象的元素通常以包含数据模型、属性、成员变量为主。对象的行为则涵盖了行为模型和方法。

对象的特点:对象是一个独一无二且能重复使用以完成特定功能的模块。

14.2　PHP 类的创建

PHP 中用 class 关键词来声明一个类。

【例 14.1】创建一个 Dog 类。

```php
<?php
class Dog
{
  // 定义 sit 属性
  public function sit( )
  {
    echo "I can sit" ;
  }
  // 定义 eat 属性
  public function eat( )
  {
    echo "I can eat" ;
  }
}
```

此例先创建了一个 Dog 类,并赋予 Dog 坐下和吃东西的属性,用 function 来声明方法属性。

14.2.1　类的定义

在现实中,类是对现实生活中具有共同特征事物的一种抽象。在程序中,我们通常把一个对象中具有相同的方法和属性称为类。比如例子 14-1 中的 Dog 类,就是对现实世界中狗的一种抽象,将其写入程序中,并赋予 Dog 坐下和吃东西的属性。

14.2.2　成员变量

什么是成员变量? 在类中声明的变量为成员变量,它在整个类中都可以被访问。成员变量随对象的建立而建立,消失而消失,它存在于对象的堆内存中。在 PHP 的类中,可以使用 $this-> 来访问自身类的成员变量和属性。

【例 14.2】创建 Goods 的类成员变量 goods_name,设置 goods_name 的值,获取值。

```php
class Goods
{

  public $goods_name; //定义成员变量 商品的属性
```

```
        // 设置商品的名称
        public function setGoodsName($name)
        {

            $this->goods_name = $name;

        }



        // 获取商品的名称
        public function getGoodsName()
        {

            return $this->goods_name;

        }


    }

    $object = new Goods(); //实例化对象
    $object->setGoodsName(' AirPods Pro '); //给成员变量赋值
    echo $object->getGoodsName(); // 获取成员变量的值
```

例中的$goods_name 就是成员变量。

结果：

```
 AirPods Pro
```

14.2.3　成员方法

在类中声明的方法就是成员方法。

例 11.2 中声明的 setGoodsName，getGoodsName 方法均是成员方法，在类中均可以用$this 访问到。

14.2.4　类常量

在类中定义的常量为类常量，它只存在于类中，不存在于对象之中。

【例 14.3】声明类常量。

```
    class Goods
    {

        public $goods_name; //定义成员变量 商品的属性
```

```
   // 设置商品的名称
   public function setGoodsName($name)
   {
       $this->goods_name = $name;
   }


   // 获取商品的名称
   public function getGoodsName()
   {
       return $this->goods_name;
   }

}

$object = new Goods();//实例化对象
$object->setGoodsName('AirPods Pro');//给成员变量赋值
echo $object->getGoodsName();// 获取成员变量的值
```

结果：

> 通过对象访问常量 FOO_NAME 的值是：
> PHP Notice：Undefined property：Foo::$FOO_NAME in /home/.../case-14/14-3.php on line 14
> 普通访问常量 FOO_NAME 的值是：FOO_NAME
> PHP Warning：Use of undefined constant FOO_NAME - assumed 'FOO_NAME'（this will throw an Error in a future version of PHP）in /home/.../case-14/14-3.php on line 17
> 类内部获取常量 FOO_NAME 的值是：重庆工程学院

从结果可以看出，类常量是只能通过类内部获取的，不能通过实例化对象获取。

"::"叫作范围解析操作符。

在类的内部经常使用类（不论是当前类还是其他类）来访问类中的成员，所在类的内部使用类进行访问的时候，还有一个类似$this 代表对象的关键字：self，代指当前类名。

14.2.5　静态变量

以 static 关键字声明的变量为静态变量。

【例 14.4】声明静态变量。

```php
<?php
class StaticFoo
{
    static $name = "StaticVariable";
    public static function getName()
    {
        echo self::$name;
    }
}
StaticFoo::getName();
```

结果：

```
StaticVariable
```

（1）使用范围解析操作符来访问类里面的静态方法和静态变量。

（2）静态方法的优势：比实例化效率更高。

（3）静态属性可直接调用。

（4）静态属性不需要实例化就可以直接使用，在类还没有创建时就可以直接使用。

（5）静态方法和静态变量创建后始终使用同一块内存，而使用实例的方式会创建多个内存。

（6）静态方法的缺点：不自动进行销毁，而实例化的则可以销毁。

14.3　PHP 对象的创建与使用

PHP 中使用 new 关键字来实例化一个类，达到创建对象的目的。

【例 14.5】创建一个商品类，从而对商品的名字、属性、编号、价钱等进行获取和修改。

```php
<?php
class Good
{
    private static $name;
    private static $color;
    private static $id;
    private static $price;
    public function ____construct($id, $name, $color, $price)
    {
```

```php
        self::$id = $id;
        self::$name = $name;
        self::$color = $color;
        self::$price = $price;
    }
    // 获取商品的属性
    public function get($attrName)
    {
        return self::$$attrName;
    }
    // 修改商品的属性
    public function update($attrName, $value)
    {
        self::$$attrName = $value;
    }
}
$object = new Good(1, "iPad", ' red ', 5999);
printf("修改前的价格是:%s\n", $object->get("price"));
// 应部门需求对 ipad 进行降价处理。
$object->update("price", 5666);
printf("修改后的价格是:%s\n", $object->get("price"));
//同理可以修改其他属性
//且我们可以把这个类当作一个工具重复使用
```

14.3.1　类的实例化

创建了类之后,想要用这个类,我们就需要实例化这个类,才能调用类里面的某些方法。在 PHP 中使用 new 关键字来实例化类。

【例 14.6】类的实例化。

```php
<?php
class FooNew
{
    public function foo()
    {
        return;
    }
}
```

```
class FooNew1
{
  public function foo1()
  {
    return;
  }
}
$object = new FooNew();
$object1 = new FooNew1();
$object->foo();
$object1->foo1();
```

该例创建了多个类,并通过 new 实例化类,从而调用类里面的方法。

14.3.2　构造方法

所谓"构造方法",指的是在每次在创建新对象时先调用的构造函数方法。
PHP 中以＿＿＿ construct 关键词来声明构造方法。

【例 14.7】类的构造方法。

```
<?php
class FooConstruct
{
  //此处是构造函数
  public function ____ construct()
  {
    echo "调用了构造方法\n";
  }
  public function demo()
  {
    echo "调用了方法\n";
  }
}
$object = new FooConstruct();
$object->demo();
```

结果:

```
调用了构造方法
调用了方法
```

由此可见,在实例化类并调用类里面的 demo 方法之后,首先调用的是 construct 里面的方

196

法,然后才是我们调用的方法。

实际上,我们多用类传递参数,让构造方法给参数赋值。

【例 14.8】类的构造方法的作用。

```php
class Db
{
    private $host;

    private $user;

    private $password;

    private $port;

    private $dbName;

    //此处是构造函数
    public function ____construct($host,$user,$password,$dbName,$port)
    {
        $this->host = $host;
        $this->user = $user;
        $this->password = $password;
        $this->port = $port;
        $this->dbName = $dbName;
    }

    // 创建链接
    private function connect(){
        $link = mysqli_connect($this->host,$this->user,$this->password,$this->dbName,$this->port) or die(mysqli_connect_error());
        return $link;
    }

    public function query($sql){
        $connect = $this->connect();
        return mysqli_query($connect,$sql);
    }
```

```
}

$ Db = new Db( ' 127.0.0.1 ' , ' root ' , ' 123456 ' , ' demo ' , ' 3306 ' ) ;

print_r( $ Db->query( ' show tables ' ) ) ;
```

14.3.3 析构方法

与构造方法相反的就是析构方法了，它是每次销毁对象时最后调用的构造函数方法。析构函数不能带参数。

【例 14.9】类的析构方法。

```php
<?php
class FooDestruct
{
    //此处是析构函数
    public function ____ destruct( )
    {
        echo "调用了构造方法 \n" ;
    }
    public function demo( )
    {
        echo "调用了方法 \n" ;
    }
}
$ object = new FooDestruct( ) ;
$ object->demo( ) ;
```

结果：

```
调用了方法
调用了构造方法
```

可见这次是先调用了函数，然后再执行析构函数，它在对象销毁的时候会自动调用。

14.3.4 对象类型检测

如何判断是否是对象？PHP 提供了 is_object 函数。

is_object——检测变量是否是一个对象。

语法：

> is_object（mixed $ var）：bool

参数：

> $ var：待检测的变量。

返回值：

> 如果 $ var 是一个对象则返回 TRUE，否则返回 FALSE。

【例 14.10】对对象的类型进行判断。

```php
<?php
class FooIsObject
{

}
$ test = 1;
$ test1 = new FooIsObject( );
var_dump( is_object( $ test) );
var_dump( is_object( $ test1) );
```

结果：

```
bool( false)
bool( true)
```

14.3.5　$ this-> 的使用

在实际应用中，我们一般是先声明一个类，然后用这个类去实例化对象。$ this 表示实例化后的具体对象（当前对象）。$ this-> 表示在类本身内部使用本类的属性或者方法。"->" 符号是"插入式解引用操作符"。在调用 PHP 函数的时候，大部分参数都是通过引用传递的。

【例 14.11】对 $ this-> 的使用。

```php
<?php
class Foo
{
    public $ name = '重庆工程学院';
    public $ address = '重庆市巴南区';
    public function fooInfo( )
    {
        echo $ this->name . "的地址是:" . $ this->address;
    }
```

```
        }
    $foo = new Foo( );
    $foo->fooInfo( );
```

结果:

```
重庆工程学院的地址是:重庆市巴南区
```

在 fooInfo 方法里面,我们通过$this->访问了类的属性 name 和 address 属性。

14.3.6 "::"的使用

"::"叫作范围解析操作符,多用于访问类里面的静态方法,const 和类中重写的属性与方法。

【例 14.12】对范围解析操作符的使用。

```php
<?php
class Foo
{
    static $name = '重庆工程学院';
    static $address = '重庆市巴南区';
    const VERSION = "1.0.0.1";
    public function fooInfo( )
    {
        echo self::$name . "的地址是:" . self::$address;
        echo "\n 当前版本是:" . self::VERSION;
    }
}
$foo = new Foo( );
$foo->fooInfo( );
```

结果:

```
重庆工程学院的地址是:重庆市巴南区
当前版本是:1.0.0.1
```

14.4 数据隐藏

程序中的数据隐藏并不是真的把数据"隐藏",而是通过 PHP 中的关键词来控制类的属性、方法、变量的访问权限。

14.4.1　public

public：声明的类属性为公共属性，可以在程序中的任何位置（类内、类外）被其他的类和对象调用，子类可以继承和使用父类中所有的公共成员。

【例 14.13】对 public 方法的示例。

```php
class Foo
{
    public $nameInfo = "Parent Name\n";
    public $attribute = "Parent Attribute\n";
    public function getSelfInfo() {
        echo $this->attribute;
        echo $this->nameInfo;
    }
}
class FooChild extends Foo
{
    public function getParentInfo() {
        echo $this->attribute;
        echo $this->nameInfo;
    }
}
$foo = new Foo();
// 在外访问类的属性
echo $foo->nameInfo;
echo $foo->attribute;
// 在类里面访问类的属性
$foo->getSelfInfo();
//通过子类访问
$childFoo = new FooChild();
$childFoo->getParentInfo();
```

结果：

```
Parent Name
Parent Attribute
Parent Attribute
Parent Name
Parent Attribute
Parent Name
```

14.4.2　private

private：声明的类属性为私有属性，只能在所在类的内部被调用和修改，不可以在类的外部被访问，在被继承的子类中也不可以。

【例 14.14】对 private 方法的示例。

```php
<?php
class Foo
{
    private $nameInfo = "Parent Name\n";
    private $attribute = "Parent Attribute\n";
    public function getSelfInfo() {
        echo $this->attribute;
        echo $this->nameInfo;
    }
}
class FooChild extends Foo
{
    public function getParentInfo() {
        echo $this->attribute;
        echo $this->nameInfo;
    }
}
$foo = new Foo();
// 在类里面访问类的属性
$foo->getSelfInfo();
// 在外访问类的属性
echo $foo->nameInfo;
echo $foo->attribute;
//通过子类访问
$childFoo = new FooChild();
$childFoo->getParentInfo();
```

结果：

```
Parent Attribute
Parent Name
PHP Fatal error：Uncaught Error：Cannot access private property Foo::$nameInfo in /home/.../case-14/14-14.php：31
Stack trace：
#0  {main} thrown in /home/.../case-14/14-14.php on line 31
```

可见,在外部访问 private 声明的类属性时会报 Cannot access...不能访问的错误,但是在内部可以访问。

14.4.3　protected

protected:声明的类属性为受保护属性,可以在本类和子类中被调用,但是在其他地方不能被调用。

【例 14.15】对 protected 方法的示例。

```php
<?php
class Foo
{
  protected $nameInfo = "Parent Name\n";
  protected $attribute = "Parent Attribute\n";
  public function getSelfInfo()
  {
    echo $this->attribute;
    echo $this->nameInfo;
  }
}
class FooChild extends Foo
{
    public function getParentInfo()
    {
    echo $this->attribute;
    echo $this->nameInfo;
    }
}
$foo = new Foo();
// 在类里面访问类的属性
$foo->getSelfInfo();
//通过子类访问
$childFoo = new FooChild();
$childFoo->getParentInfo();
// 在外访问类的属性
echo $foo->nameInfo;
echo $foo->attribute;
```

结果：

```
Parent Attribute
Parent Name
PHP Fatal error：Uncaught Error：Cannot access protected property Foo：：$nameInfo in /
home/.../case-14/14-15.php:37
Parent Attribute
Parent Name
Stack trace：
#0 {main}
thrown in /home/.../case-14/14-15.php on line 37
```

通过结果可以看出：在类里面，子类中都是可以访问类属性的，但是在类的外部访问便会
报错。

14.5　面向对象编程的三大特点

封装，继承，多态是面向对象编程的三大特点。

14.5.1　封装

封装是面向对象编程的一大特点。以 PHP 类中关键词 public，private，protected 为关键词
封装的方法及属性，会将对象私有化，并将部分的属性方法提供给外界访问。

所有对象的方法均被封装在类的内部。

外界使用类来创建对象，然后让对象调用自身的方法。

【例 14.16】面向对象的封装特点。

```php
<?php
class Person
{
    protected $userName;
    protected $weight;
    public function ____construct($userName, $weight)
    {
        $this->userName = $userName;
        $this->weight = $weight;
    }
    public function eat()
```

```
        {
            printf("%s 喜欢吃零食\n", $this->userName);
        }
        public function run()
        {
            printf("%s 喜欢跑步\n", $this->userName);
        }
    }
    $foo = new Person("小明", 40);
    $foo->eat();
    $foo->run();
    $foo1 = new Person("小军", 44.5);
    $foo1->eat();
    $foo1->run();
    var_dump($foo);
    var_dump($foo1);
```

结果:

```
小明喜欢吃零食
小明喜欢跑步
小军喜欢吃零食
小军喜欢跑步
object(Person)#1 (2) {
["userName":protected] => string(6) "小明"
["weight":protected] => int(40)
}
object(Person)#2 (2) {
["userName":protected] => string(6) "小军"
["weight":protected] => float(44.5)
}
```

同一个类创建出来的多个对象之间的属性互不干扰。

对类的属性的修饰符而言,能完全控制类属性方法的访问权限,让属性在类外部、子类中"隐藏"。

14.5.2　继承

继承是让子类拥有父类的所有属性和方法,其目的是实现代码的重复利用,相同的代码不需要重复编写。

继承父级的子类可以拥有自己的属性和方法,其含意就是对父类进行扩展。
子类可以对父类的方法进行重写。

【例 14.17】面向对象的继承特点。

```php
<?php
class Base
{
    protected $color;
    protected $size;
    public function ____ construct($color, $size)
    {
        $this->color = $color;
        $this->size = $size;
    }
    public function like()
    {
        printf("我喜欢%s 的衣服\n", $this->color);
    }
}
class Man extends Base
{
    public function foo()
    {
        printf("获取父级的颜色:%s,获取父级的大小:%s\n", $this->color, $this->size);
    }
    public function like()
    {
//      parent::like(); // TODO: Change the autogenerated stub
        printf("除了%s 的衣服我都喜欢\n", $this->color);
    }
}
$foo = new Man("红色", "L");
$foo->foo();
$foo->like();
```

结果:

```
获取父级的颜色:红色,获取父级的大小:L
除了红色的衣服我都喜欢
```

由此例中可以看出,我们在继承父类的子类中可以访问父类的一些方法,能对父类进行扩展,能对父类的属性进行重构。继承这一属性,大大提高了编写程序的效率。

14.5.3　多态

不同的子类对象调用相同的方法,会产生不同的执行结果,我们把这一特性称为多态。相同的一行代码,对于传入不同的接口实现对象,表现不同。或者,因为接口的方法实现可以有很多,所以对于接口里面定义的方法具体实现是多种多样的,这也体现了多态。

【例 14.18】面向对象的多态特点。

```php
<?php
class BaseCar
{
    //定义基础的车类
    protected $color;
    protected $brand;
    public function ____construct($color, $brand)
    {
        $this->color = $color;
        $this->brand = $brand;
    }
}
class BMW extends BaseCar
{
    public function foo()
    {
        printf("我是%s 的%s 车\n", $this->color, $this->brand);
    }
}
class Ferrari extends BaseCar
{
    public function foo()
    {
        printf("我是%s 的%s 车\n", $this->color, $this->brand);
    }
}
$foo = new BMW("白色", "宝马");
$foo1 = new Ferrari("高雅黑色", "法拉利");
$foo->foo();
$foo1->foo();
```

结果：

> 我是白色的宝马车
>
> 我是高雅黑色的法拉利车

此例中，两个子类都继承了 BaseCar 类，输出也类似，但是却产生两个不同的结果，这就是多态的特性。

14.5.4 final 关键字

子类可以覆盖父类的方法，但是有一种情况例外。如果父类中的方法被声明为 final，则子类无法覆盖该方法。如果一个类被声明为 final，则不能被继承。

实际运用中，我们多用 final 关键词声明不想被继承的类或不想被重写的方法。

【例 14.19】final 关键字的作用。

```php
<?php
class FooBase
{
    final function foo(){
        echo "父级的 foo 方法";
    }
}
class FerrariFoo extends FooBase
{
    public function foo()
    {
        echo ("覆盖了父级的 foo 方法\n");
    }
}
$foo1 = new FerrariFoo();
$foo->foo();
```

结果：

> PHP Fatal error：Cannot override final method FooBase::foo()

此例出现报错，可见以 final 关键字声明的方法和类，是不能被覆盖重写和继承的。

14.6 抽象类与接口

PHP 中以 abstract 关键词声明的类为抽象类，表明这个类是抽象方法，不需要具体实现。抽象类可以继承抽象类，但不能重写抽象父类的抽象方法。抽象类通常用来定义一个类来实现什么,包含了具体的属性,抽象方法等。

PHP 中以 interface 关键词可以定义接口,把不同类的共同行为进行定义,然后在不同类里面实现不同功能,这就是接口。接口里面的方法是不需要具体实现的。在实现了某个接口之后,必须提供接口中定义方法的具体实现。接口可以被继承,当类实现了接口时,父级接口的方法也需要在这个类里面具体实现。

注意事项:

(1)对接口的实现,要使用 implements,抽象类的继承要使用 extends。

(2)接口中不能声明变量,但可以声明类常量,抽象类中可以声明各种变量。

(3)接口没有构造函数,抽象类可以有。

(4)一个类可以继承多个接口,但只能继承一个抽象类。

14.6.1　抽象类

【例 14.20】声明一个抽象类。

```php
<?php
abstract class fooAbstract
{
    abstract protected function foo( );
    abstract protected function getFooPerFix( $prefix );
    // 普通方法(非抽象方法)
    public function outFoo( )
    {
        print $this->foo( ) . "\n";
    }
}
// 继承 fooAbstract 抽象类 并尝试重写 foo 方法
abstract class ChildFoo extends FooAbstract
{
    abstract protected function foo( );
}
```

结果:

```
Fatal error:Can't inherit abstract function FooAbstract::foo ( ) (previously declared abstract in ChildFoo) in...
```

可见,子类是不能重写父类的抽象方法的,否则就会报错。

14.6.2　接口

【例 14.21】声明一个接口。

```php
<?php
interface TimeTool
{
    const TIME_VERSION = ' version-time-tool-1.0.1 ';
    public function now();
    public function getTimeByDate();
}
interface Tool
{
    const TOOL_VERSION = ' version-cq-1.0.1 ';
    public function Connect();
    public function Query();
    public function catchError();
}
interface BaseTool extends TimeTool, Tool
{
    public function indexTool();
}
// 创建类来继承接口
// 抽象类可以实现接口后不实现其方法,可以在继承一个抽象类的同时实现多个
接口
abstract class UseTool implements BaseTool
{
    public function indexTool()
    {
    }
}
```

该例声明了 Tool 类和 TimeTool 类,然后将这两个类归到 BaseTool 中,实现了多个接口类"融合"在一起,并在抽象类里面实现了接口。

14.7 魔术方法

PHP 中,以__（两个下划线）开头的类方法声明为魔术方法。所以在定义类方法时,除了上述魔术方法,建议不要以__ 为前缀。

魔术方法给我们编写代码处理逻辑的时候带来了许多便利,其作用毋庸置疑。

常见的魔术方法有:__ construct(),__ destruct(),__ clone(), __ call(),__ toString(),

__ call( ),__ get( ),__ set( ),__ unset( )等等。

14.7.1　__ set 和__ get 方法

__ set 和__ get 都属于属性重载里面的魔术方法。

PHP 所提供的重载是指动态地创建类属性和方法,通常是通过魔术方法来实现的。

__ set( ):在给不可以访问的属性赋值时,__ set( )函数会被调用。

语法:

public __ set (string $ name, mixed $ value) : void

参数:

$ name:赋值变量的属性名。

$ value:赋值的值。

返回值:

当给不存在的变量赋值的时候,会主动触发函数,开发者自定义返回值。

__ get( ):在不可访问的属性的值时,__ get( )函数会被调用。

语法:

public __ get (string $ name) : mixed

参数:

$ name:访问的属性名。

返回值:

当访问不可访问的属性时,会触发这个函数,开发者自定义返回值。

【例 14.22】__ get 和__ set 函数的使用。

```php
<?php
class PropertyTest
{
    /** 重载不能被用在已经定义的属性 */
    public $ declared = 1;
    /** 只有从类外部访问这个属性时,重载才会发生 */
    private $ hidden = 2;
    public function __ set($ name, $ value)
    {
```

211

```
        printf("变量%s 不存在!\n",$name);
        printf("变量的值%s\n",$value);
    }
    public function __get($name)
    {
        printf("变量%s 存在但是不能访问!\n",$name);
    }
}
$obj = new PropertyTest;
$obj->abc = 100; // abc 属性是不存在的
var_dump(isset($obj->abc));
var_dump($obj->hidden); //hidden 的属性是私有的,不能在类外部访问
```

结果:

```
变量 abc 不存在!
变量的值 100
bool(false)
变量 hidden 存在但是不能访问!
NULL
```

14.7.2 __ call

__ call 属于方法重载。

__ call:在对象中调用一个不可访问方法时,__ call( )魔术方法会被调用。

语法:

```
public __ call(string $name, array $arguments):mixed
```

参数:

$name:访问的方法名。
$arguments:访问的方法名传入的参数。

返回值:

当访问不可访问的方法时,会触发这个函数,开发者自定义返回值。

【例 14.23】__ call 函数的使用。

```
<?php Foocall
class FooCall
{
    public function __ call($name, $param)
```

```
          {
              printf("非法访问,方法%s 不存在! \n", $name);
          }
          public function foo()
          {
              return 1;
          }
     }
     $obj = new FooCall;
     $obj->foo();
     $obj->foo1(); // foo1 方法是不存在的
```

14.7.3　克隆对象

PHP 提供了 clone 方法来复制出独立的一个对象。

__clone:当对象被克隆的时候会被调用,没有返回值。

语法:

__clone (void): void

【例 14.24】__ clone 函数的使用。

```
<?php
class FooClone
{
    public $name = "parent\n";
    public function __clone() {
        $this->name = "has been cloned\n";
    }
}
$foo = new FooClone();
echo $foo->name;
$fooNew = clone $foo;
echo $fooNew->name;
```

结果:

```
parent
has been cloned
```

克隆出来的对象和原来的对象是完全独立的,不会有任何的值冲突。

14.7.4　自动加载

__ autoload:尝试加载未定义的类。

语法:

__ autoload（string $class）:void

参数:

$class:待加载的类名。

【例 14.25】__ autoload 函数的使用。

```php
<?php
//class FooAutoLoad
//{
//    public function foo( )
//    {
//        return true;
//    }
//}
function __ autoload($className)
{
    printf('尝试调用%s 类\n ',$className);
    die("require php file");
}
$object = new FooAutoLoad( );
```

结果:

```
尝试调用 FooAutoLoad 类
require php file
```

此例表明:在实例化类 FooAutoLoad 的时候,在当前脚本是没有这个类的,那么 PHP 就会主动调用 __ autoload 这个方法,去找这个类,我们只需要在这里面引入包含这个类的文件就好了。

14.7.5　__ sleep 和__ wakeup 方法

__ sleep:当类对象被序列化成字符串的时候会被调用。

__ wakeup:当类对象字符串被反序列化成对象的时候会被调用。

这两个函数均没有参数。

sleep 调用的时候必须返回数组,其必须包含需要字符串化的属性,如果没有__ sleep 方法,PHP 默认保存所有属性。

【例 14.26】__ sleep 和__ wakeup 函数的使用。

```php
<?php
class FooStr
{
  public function __ sleep( )
  {
    echo "ERROR：当前对象被序列化\n";
    return [ ];
  }
  public function __ wakeup( )
  {
    echo "ERROR：当前对象被反序列化";
  }
}
$object = new FooStr( );
$foo = serialize($object);
$foo1 = unserialize($foo);
```

结果：

```
ERROR：当前对象被序列化
ERROR：当前对象被反序列化
```

14.7.6　__ toString 方法

当对象被当作 string 使用时,__ toString 方法会被调用。

语法：

```
public __ toString( )：mixed
```

返回值：

当访问不可访问的方法时,会触发这个函数,开发者自定义返回值。

【例 14.27】__ toString 函数的使用。

```php
<?php
class TestClass
{
  public $foo;
```

```
    public function __ construct($foo)
    {

        $this->foo = $foo;

    }
    public function __ toString()
    {

        return "ERROR：当前对象被当作字符串调动。参数:" . $this->foo;

    }
}
$class = new TestClass(' foo ');
echo $class;
```

结果：

> ERROR：当前对象被当作字符串调动。参数:foo

本章小结

　　面向对象是一种编程思想。编程思想有面向过程和面向对象。面向对象的特点有:减少代码的冗余量,灵活性极高,代码能重复利用,可扩展性强等。面向对象的基本思路很简单,就是识别对象,识别对象属性,识别对象的行为。

　　必须掌握几个魔术方法,魔术方法很多,但是并不是所有都能用上,平时多用于构造、析构函数,如__ get(),__ set(),__ toString(),其余的并不是很常用。需要合理利用魔术方法,以便达到事半功倍的效果。

练习

编写一个对象 Db 类,封装对 MySQL 的 CURD 操作,使用构造方法对初始化变量赋值。

要求：

(1)当调用 Db 类不存在的方法、变量时,请抛出异常。

(2)当执行异常时,需要捕获异常并返回。

(3)严格控制方法权限,对外只能访问 CURD 方法。

(4)声明该类能被继承,除了 CURD 之外的属性一律不准被覆盖重写。

(5)请严格按照面向对象思想编写。

(6)CURD 四个方法中最少实现一个。

第15章

综合项目实践：基于 RBAC 的简单后台管理系统

RBAC 是基于角色访问控制（Role-Based Access Control）的一种权限控制思想。在 RBAC 中，权限与角色相关联，用户通过成为适当的角色来继承这些角色的权限，从而能进行某些需要权限的操作。这样，管理都是层级间相互依赖的，权限赋予角色，角色又被赋予用户，这样的权限设计逻辑结构十分清晰，非常方便管理。

15.1　功能需求

1）统述需求

实现一个简单的 RBAC 管理系统，要求有角色管理、权限管理、用户管理。将角色赋予某些权限，再赋予用户某个角色，此处一个用户只能拥有一个角色。当用户访问自己没有权限的链接、接口时，应阻止并警告。做几个非法访问的示例。

2）详细需求

（1）登录：能进行用户的登录验证，是否被允许登录操作。

（2）用户管理：对用户进行添加、删除、修改操作。

（3）角色管理：对角色进行添加、删除、修改操作。

（4）权限管理：对权限进行添加、删除、修改操作。

（5）其他需求：用户只能看到和自己权限相关的页面。例如用户只有删除角色的权限，那么修改用户只能看见角色管理，且只能进行删除操作，不能添加和编辑角色。

15.1.1　模块的划分

模块主要分为登录模块和后台模块，用户经过登录操作之后，进入和自己权限相关的后台页面，如图 15.1 所示。

15.1.2　流程

逻辑比较简单，请仔细梳理流程图 15.2，查看详情。

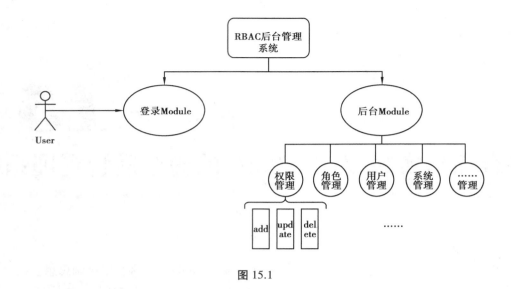

图 15.1

图 15.2

当用户登录之后,系统会将用户的目录信息存入缓存之中,然后跳转到后台首页,并渲染出缓存中的所有 path 页面,这就实现了简单控制页面的访问权限。当访问不能访问的模块时,会触发权限验证模块,验证当前是请求的接口还是页面;如果是接口,是否有权限请求;如果是页面,是否能请求页面。有权限就通过,否则就驳回请求。

15.2　数 据 库 设 计

实现 RBAC 后台管理系统,是离开数据库设计的。所涉及的表有:用户表,角色表,权限表,权限角色对应表。

15.2.1　关联关系

什么是表与表之间关联关系?

举个例子,有班级表和学生表,要将学生和班级进行绑定,可在学生表中加入一个班级 id 来将这个学生和某个班级进行绑定。因为一个班级 id 对应了多个学生,我们就说班级表和学生表是一对多的关系。这就是表与表的关联关系。

表与表之间一般存在三种关系:一对一,一对多,多对多关系。

1)一对一关系

假设:有一个员工表和一个员工档案表。一个员工对应了他的一份档案,有且只有一份,而这个档案也只有这一个员工,那么员工表和员工档案表就是一对一的关系。

2)一对多关系

一个班级有多个学生,但是一个学生只能是在一个班级中,那么班级表和学生表就是一对多的关系,再比如,船公司和船,一个船公司有多条船,但一条船只能属于一个船公司,那么船公司和船只表也是一对多的关系。

3)多对多关系

例如:学生表和选课表,一个学生可以选多门课程,反过来,一门课程下面可以有多名学生。这样的关系,我们称为多对多关系。

15.2.2　表设计

表 15.1　用户表设计(admin/user)

字段名	类型	是否主键	默认值	是否为空	注释
u_id	int	Y	0	N	主键
user_name	varchar(100)	N		N	用户名
sex	tinyint(1)	N		N	性别
email	varchar(100)	N		N	邮箱地址
password	varchar(200)	N		N	登录密码
r_id	int	N		N	角色 id
state	tinyint(1)	N		N	状态:1 正常,0 禁用

续表

字段名	类型	是否主键	默认值	是否为空	注释
created_at	int	N		N	创建时间
updated_at	int	N		N	更新时间

表 15.2　角色表（role）

字段名	类型	是否主键	默认值	是否为空	注释
r_id	int	Y	0	N	角色主键 ID
r_name	varchar（200）	N		N	角色名
created_at	int	N		N	创建时间
updated_at	int	N		N	更新时间

表 15.3　角色权限对应表（role_permit）

字段名	类型	是否主键	默认值	是否为空	注释
id	int	Y	0	N	主键自增 ID
r_id	int	N		N	角色 ID
p_id	int	N		N	权限 ID
created_at	int	N		N	创建时间
updated_at	int	N		N	更新时间

表 15.4　权限表（permit）

字段名	类型	是否主键	默认值	是否为空	注释
p_id	int	Y	0	N	角色主键 ID
p_name	varchar（200）	N		N	角色名
g_id	int	N		N	分组 ID
p_path	varchar（200）	N		N	权限路径
state	tinyint（1）	N		N	状态:1 正常,0 禁用
created_at	int	N		N	创建时间
updated_at	int	N		N	更新时间

表 15.5　权限组表(permit_group)

字段名	类型	是否主键	默认值	是否为空	注释
g_id	int	Y	0	N	组主键 ID
g_name	varchar(200)	N		N	组名
g_path	varchar(200)	N		N	组路径
created_at	int	N		N	创建时间
updated_at	int	N		N	更新时间

15.3　系统实现

开发目录如下:

www WEB 部署目录

```
├──app            应用目录
|   ├──wdget        子模板目录,存放一些 modal 和公共文件
|   ├──admin_***.php   模块文件
|   ...
├──asstes          存放静态文件目录 例如 css js 插件之类
|   ├──css
|   ├──js
|   ├──fonts
|   ├──images
|   ├──...
|
├──config          配置文件目录
|   ── app.php       当前 Web 程序的配置文件
|   ├──database.php    数据库配置文件
|
├──vendor          扩展目录
|   ├──Db.php        封装对数据库增删改查类
|   ├──auth.php       权限检查方法
|
├──index.php         入口文件,登录模块
```

221

15.3.1　权限管理

在添加角色的时候涉及对当前角色的权限添加,下面就来做权限开发。为了方便管理,方便页面的渲染,这里加入了组的概念。多个权限在一个组下,而这里的组实际上指的是页面左边的目录,如图 15.3 所示。

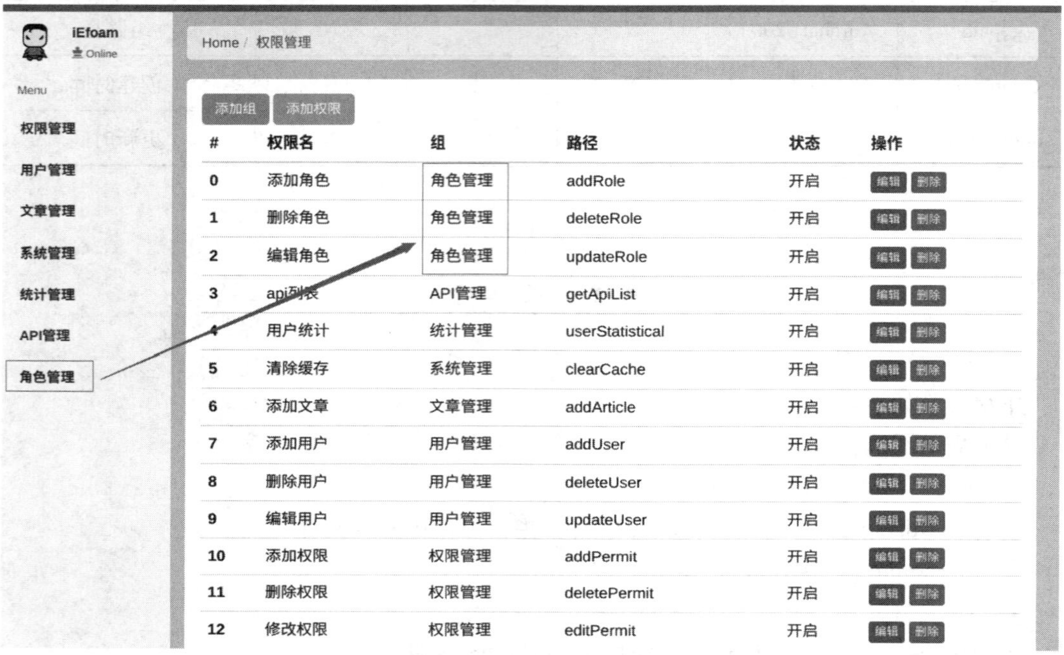

图 15.3

在角色管理下面有多个权限,添加、删除、编辑角色是在组为角色管理下,这样就得到了组(左边的目录),就方便在最初的时候渲染那些路由到页面上。

因为权限是在组下面,所以第一步应该是对组的开发。

(1)添加组(add_group.modal.php)。

```
<! -- Modal -->
<div class = "modal fade" id = "addGroupModal" tabindex = "-1" role = "dialog" style = "margin-top: 80px"
    aria-labelledby = "myLargeModalLabel" >
  <div class = "modal-dialog" role = "document" >
    <div class = "modal-content" >
      <div class = "modal-header" >
        <h4 class = "modal-title">添加权限组</h4>
      </div>
      <div class = "modal-body" >
```

```html
<form method="post" action="">
    <div class="form-group">
        <label for="GroupName">组名:</label>
        <input type="text" name="GroupName" class="form-control" id=
            "GroupName"
            placeholder="Group Name">
    </div>
    <div class="form-group">
        <label for="GroupPath">组路径:</label>
        <input type="text" name="GroupPath" class="form-control" id="
GroupPath"
            placeholder="Group Path">
    </div>
    <span class="btn btn-primary" id="addGroupNameBtn">提交</span>
</form>
</div>
<div class="modal-footer">
    <button type="button" class="btn btn-default" data-dismiss="modal">
Close</button>
</div>
</div><!-- /.modal-content -->
</div><!-- /.modal-dialog -->
</div>
<script>
  $(function() {
    $("#addGroupNameBtn").click(function() {
      let name = $("#GroupName").val();
      let path = $("#GroupPath").val();
      $.post('admin_api.php', {'a':'addGroupName', 'name':name, 'path
':path}, function(res) {
        if (res.code === 200) {
          alert(res.msg);
          $('#addGroupModal').modal('hide');
          window.location.reload();
        } else {
          alert(res.msg);
        }
```

```
        }, "JSON")
      })
    })
</script>
```

渲染页面如图 15.4 所示。

图 15.4

（2）添加权限页面开发（add_permit_modal.php）。

```
<! -- Modal -->
<div class="modal fade" id="addPermitModal" tabindex="-1" role="dialog" style
="margin-top：80px"
    aria-labelledby="myLargeModalLabel">
  <div class="modal-dialog" role="document">
    <div class="modal-content">
      <div class="modal-header">
        <h4  class="modal-title">添加权限</h4>
      </div>
      <div class="modal-body">
        <form method="post" action="">
```

```html
<div class="form-group">
    <label for="groupId">选择组名:</label>
    <select id="groupId" name="groupId" class="form-control">
        <option value="">请选择权限组</option>
        <?php
        $permit_group = $db->table('permit_group')->select("g_id,g_name")->all();

        foreach ($permit_group as $items) {
            echo "<option value='{$items['g_id']}'>{$items['g_name']}</option>";

        }
        ?>
    </select>
</div>
<div class="form-group">
    <label for="permitName">权限名:</label>
    <input type="text" name="permitName" class="form-control" id="permitName"
            placeholder="Permit Name">
</div>
<div class="form-group">
    <label for="path">权限路径:</label>
    <input type="text" name="path" class="form-control" id="path" placeholder="path">
</div>
<div class="form-group">
    <label for="state">权限状态:</label>
    <div class="btn-group">
        <input type="radio" autocomplete="off" name="state" value="1" checked> 打开
        <input type="radio" autocomplete="off" name="state" value="0"> 关闭
    </div>
</div>
<span class="btn btn-primary" id="addPermitBtn">添加</span>
</form>
</div>
```

```
        <div class="modal-footer">
            <button type="button" class="btn btn-default" data-dismiss="modal">
Close</button>
        </div>
    </div><!-- /.modal-content -->
  </div><!-- /.modal-dialog -->
</div>
<script>
    $(function(){
        $("#addPermitBtn").click(function(){
            let groupId = $("#groupId").val();
            let permitName = $("#permitName").val();
            let path = $("#path").val();
            let state = $("input[name='state']:checked").val();
            if(!groupId){
                alert("请选择分组!");
                return;
            }
            if(!permitName){
                alert("请输入权限名!");
                return;
            }
            if(!path){
                alert("请输入路径!");
                return;
            }
            if(!state){
                alert("请选择状态!");
                return;
            }
            // 验证处理…
            let param = {
                'a': 'addPermit',
                'groupId': groupId,
                'permitName': permitName,
                'path': path,
                'state': state,
```

```
        };
        $.post(' admin_api.php ', param, function (res) {
          if (res.code = = = 200) {
            alert(res.msg);
            $('#addPermitModal ').modal(' hide ');
            window.location.reload();
          } else {
            alert(res.msg);
          }
        }, "JSON")
      })
    })
</script>
```

渲染页面如图 15.5 所示。

图 15.5

（3）删除组的接口实现。

```
/**
 * 删除权限
 * @return mixed
 * @author admin
 */
function deletePermit()
{
    if (empty($_POST)) echo json_encode(['msg' => '参数错误', 'code' => 400]);
    $param = $_POST;
    $db = new \vendor\Db();
    $res = $db->table('permit')->where(['p_id' => $param['p_id']])->delete();
    if ($res >= 1) {
        echo json_encode(['msg' => '删除成功！', 'code' => 200]);
    } else {
        echo json_encode(['msg' => '删除失败！', 'code' => 400]);
    }
    exit();
}
```

（4）渲染添加的权限。查询出当前数据库所有的权限，并将权限的组 id 对应到组表里面，渲染到页面上，这样组名代替组 id，方便查看，代码如下：

```php
<?php
require_once "../vendor/Db.php";
require_once "../vendor/auth.php";
$db     = new \vendor\Db();
$res    = $db->query("SELECT * FROM 'permit' as a LEFT JOIN 'permit_group' as b ON a.g_id = b.g_id ORDER BY a.g_id DESC");
$permitArr = \vendor\Db::fetchAll($res);
?>
<html lang="ch">
<head>
    <meta charset="utf-8">
    <meta http-equiv="X-UA-Compatible" content="IE=edge">
    <title>RBAC 后台管理 | 权限管理</title>
```

```html
<meta content = "width = device-width, initial-scale = 1, maximum-scale = 1, user-scalable = no" name = "viewport">
<link href = "https://cdn.bootcss.com/twitter-bootstrap/4.3.1/css/bootstrap.min.css" rel = "stylesheet">
<link rel = "stylesheet" href = "../asstes/css/app.css">
<link rel = "stylesheet" href = "../asstes/css/admin.css">
<!-- 最新版本的 Bootstrap 核心 CSS 文件 -->
<link rel = "stylesheet" href = "https://cdn.jsdelivr.net/npm/bootstrap@3.3.7/dist/css/bootstrap.min.css"
integrity = "sha384-BVYiiSIFeK1dGmJRAkycuHAHRg32OmUcww7on3RYdg4Va+PmSTsz/K68vbdEjh4u" crossorigin = "anonymous">
<!-- 最新的 Bootstrap 核心 JavaScript 文件 -->
<script src = "https://cdn.bootcss.com/jquery/3.4.1/jquery.min.js"></script>
<script src = "https://cdn.jsdelivr.net/npm/bootstrap@3.3.7/dist/js/bootstrap.min.js"
integrity = "sha384-Tc5IQib027qvyjSMfHjOMaLkfuWVxZxUPnCJA7l2mCWNIpG9m-GCD8wGNIcPD7Txa"
    crossorigin = "anonymous"></script>
</head>
<body>
<?php include "wdget/base.php" ?>
<?php include "wdget/add_group_modal.php" ?>
<?php include "wdget/add_permit_modal.php" ?>
<section class = "main-body">
  <ol class = "breadcrumb">
    <li><a href = "#">Home</a></li>
    <li class = "active">权限管理</li>
  </ol>
  <section class = "content">
    <button type = "button" class = "btn btn-info" data-toggle = "modal" data-target = "#addGroupModal">添加组</button>
    <button type = "button" class = "btn btn-warning" data-toggle = "modal" data-target = "#addPermitModal">添加权限</button>
    <table class = "table table-hover">
      <thead>
      <tr>
        <th>#</th>
```

229

```php
        <th>权限名</th>
        <th>组</th>
        <th>路径</th>
        <th>状态</th>
        <th>操作</th>
    </tr>
    </thead>
    <tbody>
    <?php
    foreach ($permitArr as $key => $item) {
        echo "<tr>
        <th scope='row'>{$key}</th>
        <td>{$item['p_name']}</td>
        <td>{$item['g_name']}</td>
        <td>{$item['p_path']}</td>
        <td>";
        echo $item['state']? '开启': '关闭';
        echo "</td>
        <td>
            <span class='btn btn-default btn-xs btn-primary' role='button'>编辑</span>
            <span class='btn btn-default btn-xs btn-danger deletePermit' data-id='{$item['p_id']}' role='button'>删除</span>
        </td>
    </tr>";
    }
    ?>
    </tbody>
    </table>
</section>
</section>
<script>
    $(function () {
        $(".deletePermit").click(function () {
            $.post('admin_api.php', {'a':'deletePermit','p_id':$(this).attr('data-id')}, function (res) {
                if (res.code === 200) {
```

```
            alert( res.msg) ;
            window.location.reload( ) ;
        } else {
            alert( res.msg) ;
        }
    }, "JSON" )
   })
  })
 </script>
 </body>
 </html>
```

渲染页面如图 15.6 所示。

图 15.6

15.3.2　角色管理

当权限开发完成之后,那么就可以开始开发角色了,因为在添加用户和编辑用户的时候,我们需要对用户有相关的角色赋予,于是紧接着就是对角色的开发。

（1）添加角色页面（add_role_modal.php）。

```php
<?php
$db      = new \vendor\Db();
$res     = $db->query("SELECT * FROM ' permit_group ' as a LEFT JOIN ' permit '
as b ON a.g_id = b.g_id ORDER BY a.g_id DESC");
$permitArr = \vendor\Db::fetchAll($res);
// 整理数据方便页面展示
$permitPageData = [];
foreach ($permitArr as $item) {
//   print_r($item);
    if (empty($item['p_id'])) {
        # 说明这个分组下面是没有子权限的
        $permitPageData[$item['g_name']] = [];
    } else {
        $permitPageData[$item['g_name']][] = [
        "p_id"   => $item['p_id'],
        "p_name" => $item['p_name'],
        "p_path" => $item['p_path'],
        ];
    }
}
?>
<! -- Modal -->
<div class="modal fade" id="addRoleModal" tabindex="-1" role="dialog" style=
"margin-top: 80px"
    aria-labelledby="myLargeModalLabel">
  <div class="modal-dialog" role="document">
    <div class="modal-content">
      <div class="modal-header">
        <h4 class="modal-title">添加角色</h4>
      </div>
      <div class="modal-body">
        <form method="post" action="" id="addRoleForm">
          <div class="form-group">
            <label for="RoleName">角色名:</label>
            <input type="text" name="roleName" class="form-control" id=
"RoleName"
```

```
                    placeholder="Role Name">
                </div>
                <div class="form-group">
                    <label for="state">权限:</label>
                    <div class="btn-group">
                        <?php
                        foreach ($permitPageData as $key=>$item) {
                            echo "<div class='btn-group' style='clear: both'>
                            <span style='font-weight: bolder'>{$key}:</span>";
                            foreach ($item as $value) {
                                echo "<label class='checkbox-inline'>
                                <input type='checkbox' value='{$value['p_id']}' name='
p_id[]'>{$value['p_name']}
                                </label>";
                            }
                            echo "</div>";
                        }
                        ?>
                    </div>
                </div>
                <span class="btn btn-primary" id="addRoleNameBtn">提交</span>
            </form>
        </div>
        <div class="modal-footer">
            <button type="button" class="btn btn-default" data-dismiss="modal">
Close</button>
        </div>
    </div><!-- /.modal-content -->
  </div><!-- /.modal-dialog -->
</div>
<script>
  $(function () {
    $("#addRoleNameBtn").click(function () {
      let param = $("#addRoleForm").serialize();
      param += "&a=addRole";
      $.post('admin_api.php', param, function (res) {
        if (res.code === 200) {
```

```
                    alert( res.msg) ;
                    $( '#addRoleModal ').modal( ' hide ') ;
                    window.location.reload() ;
                } else {
                    alert( res.msg) ;
                }
            }, "JSON" )
        })
    })
</script>
```

渲染页面如图 15.7 所示。

图 15.7

（2）编辑角色页面（edit_role_modal.php）。

```
<?php
require_once "../../vendor/Db.php" ;
$db    = new \vendor\Db() ;
$res   = $db->query("SELECT * FROM ' permit_group ' as a LEFT JOIN ' permit '
as b ON a.g_id = b.g_id ORDER BY a.g_id DESC") ;
```

```php
$permitArr = \vendor\Db::fetchAll($res);
$r_id     = isset($_GET['r_id']) ? $_GET['r_id'] : die();
$role_info = $db->table("role")->where("r_id", $r_id)->select("r_id,r_name")
->one();
$pIdArr = $db->table("role_permit")->where("r_id", $r_id)->select("p_id")->
all();
// 整理数据方便页面展示
$pId = [];
foreach (array_values($pIdArr) as $items) {
    $pId[] = $items['p_id'];
}
$permitPageData = [];
foreach ($permitArr as $item) {
//   print_r($item);
  if (empty($item['p_id'])) {
      # 说明这个分组下面是没有子权限的
      $permitPageData[$item['g_name']] = [];
  } else {
      $permitPageData[$item['g_name']][] = [
        "p_id"   => $item['p_id'],
        "p_name" => $item['p_name'],
        "p_path" => $item['p_path'],
      ];
  }
}
?>
<!-- Modal -->
<html lang="ch">
<head>
    <meta charset="utf-8">
    <meta http-equiv="X-UA-Compatible" content="IE=edge">
    <title>RBAC 后台管理 | 角色编辑</title>
    <meta content="width=device-width, initial-scale=1, maximum-scale=1, user-
scalable=no" name="viewport">
    <link href="https://cdn.bootcss.com/twitter-bootstrap/4.3.1/css/bootstrap.min.css"
rel="stylesheet">
```

```
    <! -- 最新版本的 Bootstrap 核心 CSS 文件 -->
    <link rel = " stylesheet" href = " https://cdn.jsdelivr.net/npm/bootstrap@ 3.3.7/dist/
css/bootstrap.min.css"

integrity = " sha384-BVYiiSIFeK1dGmJRAkycuHAHRg32OmUcww7on3RYdg4Va + PmSTsz/
K68vbdEjh4u" crossorigin = " anonymous" >
    <!-- 最新的 Bootstrap 核心 JavaScript 文件-->
    <script src = " https://cdn.bootcss.com/jquery/3.4.1/jquery.min.js" ></script>
    <script src = " https://cdn.jsdelivr.net/npm/bootstrap@ 3.3.7/dist/js/bootstrap.min.js"

integrity = " sha384-Tc5IQib027qvyjSMfHjOMaLkfuWVxZxUPnCJA7l2mCWNIpG9mGCD8w
        GNIcPD7Txa"
        crossorigin = " anonymous" ></script>
</head>
<body>
<div class = " modal-header" >
    <h4    class = " modal-title" >角色编辑</h4>
</div>
<div class = " modal-body" >
    <form method = " post" action = " " id = " editRoleForm" >
        <div class = " form-group" >
            <label for = " userName" >角色名:</label>
            <input type = " hidden" name = " r_id" value = " <?php echo $role_info[ ' r_id
'];?>" >
            <input type = " text" name = " roleName" class = " form-control" id = " roleName"
                placeholder = " Role Name" value = " <?php echo $role_info[ ' r_name '];?
>" >
        </div>
        <div class = " form-group" >
            <label for = " state" >权限:</label>
            <div class = " btn-group" >
                <?php
                foreach ($permitPageData as $key => $item) {
                    echo " <div class = ' btn-group ' style = ' clear: both '>
                            <span style = ' font-weight: bolder '> {$key}:</span>";
                    foreach ($item as $value) {
                        echo " <label class = ' checkbox-inline '>
```

```php
                    <input type = ' checkbox ' value = ' {$value[ ' p_id ' ]} ' name = '
p_id[ ]'";
                echo in_array($value[ ' p_id ' ], $pId)? ' checked ': '';
                echo "> {$value[ ' p_name ' ]}.</label>";
            }
            echo "</div>";
        }
        ?>
    </div>
    </div>
    <span class="btn btn-primary" id="updateRoleBtn">提交</span>
    </form>
</div>
<script>
    $(function() {
        $("#updateRoleBtn").click(function() {
            let param = $("#editRoleForm").serialize();
            param += "&a=updateRole";
            $.post('../admin_api.php', param, function(res) {
                if (res.code === 200) {
                    alert(res.msg);
                    $('#addPermitModal').modal(' hide ');
                    window.location.reload();
                } else {
                    alert(res.msg);
                }
            }, "JSON")
        })
    })
</script>
</body>
</html>
```

渲染页面如图 15.8 所示。

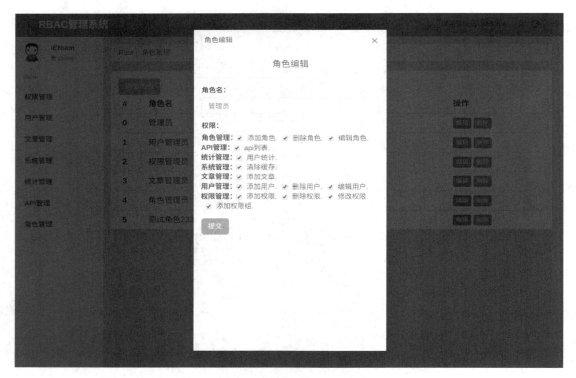

图 15.8

（3）角色管理列表页面代码（admin_role.php）。

```php
<?php
require_once "../vendor/Db.php";
require_once "../vendor/auth.php";
$db = new \vendor\Db();
$roleList = $db->table("role")->select("r_id,r_name,created_at")->all();
?>
<html lang="ch">
<head>
  <meta charset="utf-8">
  <meta http-equiv="X-UA-Compatible" content="IE=edge">
  <title>RBAC 后台管理 | 角色管理</title>
  <meta content="width=device-width, initial-scale=1, maximum-scale=1, user-scalable=no" name="viewport">
  <link href="https://cdn.bootcss.com/twitter-bootstrap/4.3.1/css/bootstrap.min.css" rel="stylesheet">
  <link rel="stylesheet" href="../asstes/css/app.css">
  <link rel="stylesheet" href="../asstes/css/admin.css">
```

```html
<!-- 最新版本的 Bootstrap 核心 CSS 文件 -->
<link rel="stylesheet" href="https://cdn.jsdelivr.net/npm/bootstrap@3.3.7/dist/css/bootstrap.min.css"

integrity="sha384-BVYiiSIFeK1dGmJRAkycuHAHRg32OmUcww7on3RYdg4Va+PmSTsz/K68vbdEjh4u" crossorigin="anonymous">
    <!-- 最新的 Bootstrap 核心 JavaScript 文件 -->
    <script src="https://cdn.bootcss.com/jquery/3.4.1/jquery.min.js"></script>
    <script src="../asstes/layer/layer.js"></script>
    <script src="https://cdn.jsdelivr.net/npm/bootstrap@3.3.7/dist/js/bootstrap.min.js"

integrity="sha384-Tc5IQib027qvyjSMfHjOMaLkfuWVxZxUPnCJA7l2mCWNIpG9mGCD8w
        GNIcPD7Txa"
        crossorigin="anonymous"></script>
</head>
<body>
<?php include "wdget/base.php" ?>
<?php include "wdget/add_role_modal.php" ?>
<section class="main-body">
  <ol class="breadcrumb">
    <li><a href="#">Role</a></li>
    <li class="active">角色管理</li>
  </ol>
  <section class="content">
    <button type="button" class="btn btn-info" data-toggle="modal" data-target="#addRoleModal">添加角色</button>
    <table class="table table-hover">
      <thead>
      <tr>
        <th>#</th>
        <th>角色名</th>
        <th>添加时间</th>
        <th>操作</th>
      </tr>
      </thead>
      <tbody>
```

```php
<?php
foreach ($roleList as $key => $item) {
    echo "<tr>
    <th scope='row'>{$key}</th>
    <td>{$item['r_name']}</td>
    <td>";
    echo date('Y-m-d H:s:i', $item['created_at']) . "</td>
    <td>
        <span class='btn btn-default btn-xs btn-primary editRole' data-id='{$item['r_id']}' role='button'>编辑</span>
        <span class='btn btn-default btn-xs btn-danger deleteRole' data-id='{$item['r_id']}' role='button'>删除</span>
    </td>
    </tr>";
}
?>
    </tbody>
</table>
</section>
</section>
<script>
$(function () {
    $(".deleteRole").click(function () {
        $.post('admin_api.php', {'a': 'deleteRole', 'r_id': $(this).attr('data-id')}, function (res) {
            if (res.code === 200) {
                alert(res.msg);
                window.location.reload();
            } else {
                alert(res.msg);
            }
        }, "JSON")
    });
    $(".editRole").click(function () {
        let r_id = $(this).attr("data-id");
        layer.open({
            type: 2,
```

```
                    title：'角色编辑',
                    shadeClose：true,
                    shade：0.8,
                    area：［' 380px ', ' 90%'］,
                    content：' wdget/edit_role_modal.php? r_id = ' + r_id
                ｝）;
            ｝）;
        ｝）;
    </script>
    </body>
    </html>
```

渲染页面如图 15.9 所示。

图 15.9

15.3.3　后台用户管理

开发准备工作完成之后，就可以对后台用户进行开发了。在对用户添加、编辑的时候，都要指定用户是何种角色。

对后台用户的管理，包括赋予用户何种权限，控制用户能进行何种操作。能对当前系统的后台用户进行新增、删除、修改操作。这就是一个最基本的后台管理模块。

在进入这个模块之前，先要对当前用户是否能访问这个模块做检查，于是引入了 auth.php

对当前请求自动进行检查。既然是对用户管理,这里要求查询出当前后台的所有用户的部分信息,然后排序渲染到页面上,完成代码如下:

(1)实现添加一个管理员(add_user_modal.php)。

```php
<?php
$db    = new \vendor\Db();
$res   = $db->query("SELECT * FROM ' permit_group ' as a LEFT JOIN ' permit '
as b ON a.g_id = b.g_id ORDER BY a.g_id DESC");
$permitArr = \vendor\Db::fetchAll($res);
// 整理数据方便页面展示
$permitPageData = [];
foreach ($permitArr as $item) {
//    print_r($item);
  if (empty($item[' p_id '])) {
    # 说明这个分组下面是没有子权限的
    $permitPageData[$item[' g_name ']] = [];
  } else {
    $permitPageData[$item[' g_name ']][] = [
      "p_id"   => $item[' p_id '],
      "p_name" => $item[' p_name '],
      "p_path" => $item[' p_path '],
    ];
  }
}
?>
<! -- Modal -->
<div class="modal fade" id="addUserModal" tabindex="-1" role="dialog"
  aria-labelledby="myLargeModalLabel">
  <div class="modal-dialog" role="document">
    <div class="modal-content">
      <div class="modal-header">
        <h4  class="modal-title">添加用户</h4>
      </div>
      <div class="modal-body">
        <form method="post" action="" id="addUserForm">
          <div class="form-group">
            <label for="userName">用户名:</label>
```

```html
                    <input type = " text"  name = " userName"  class = " form-control"  id = "
userName"
                        placeholder = " User Name"  >
                </div>
                <div class = " form-group" >
                    <label for = " email" >邮箱地址：</label>
                    <input type = " email"  name = " email"  class = " form-control"  id = " email"
placeholder = " Email"  >
                </div>
                <div class = " form-group" >
                    <label for = " password" >密码：</label>
                    <input type = " password"  name = " password"  class = " form-control"  id = "
password"
                        placeholder = " Password"  >
                </div>
                <div class = " form-group" >
                    <label for = " state" >性别：</label>
                    <div class = " btn-group" >
                        <input type = " radio"  autocomplete = " off"  name = " sex"  value = " 1"
checked> 男
                        <input type = "radio"  autocomplete = "off"  name = "sex"  value = "0"> 女
                    </div>
                </div>
                <div class = " form-group" >
                    <label for = " state" >状态：</label>
                    <div class = " btn-group" >
                        <input type = " radio"  autocomplete = " off"  name = " state"  value = "1"
checked> 打开
                        <input type = " radio"  autocomplete = " off"  name = " state"  value = "0" >
关闭
                    </div>
                </div>
                <div class = " form-group" >
                    <label for = " groupId" >选择角色：</label>
                    <select id = " roleId"  name = " roleId"  class = " form-control" >
                        <option value = " " >请选择角色：</option>
```

```php
                    <?php
                    $roleList = $db->table('role')->select("r_id,r_name")->all();
                    foreach ($roleList as $items) {
                        echo "<option value='{$items['r_id']}'>{$items['r_name']}
</option>";
                    }
                    ?>
                </select>
            </div>
            <span class="btn btn-primary" id="addUserBtn">添加</span>
        </form>
    </div>
    <div class="modal-footer">
        <button type="button" class="btn btn-default" data-dismiss="modal">
Close</button>
    </div>
    </div><!-- /.modal-content -->
    </div><!-- /.modal-dialog -->
</div>
<script>
    $(function () {
    $("#addUserBtn").click(function () {
        let param = $("#addUserForm").serialize();
        param += "&a=addUser";
        $.post('admin_api.php', param, function (res) {
            if (res.code === 200) {
                alert(res.msg);
                $('#addPermitModal').modal('hide');
                window.location.reload();
            } else {
                alert(res.msg);
            }
        }, "JSON")
    })
    })
</script>
```

效果页面如图 15.10 所示。

图 15.10

（2）填充信息之后的逻辑处理(admin_api.php)。

```
/**
 * 添加用户
 * @ return mixed
 * @ author admin
 */
function addUser( )
{
    if ( empty( $_POST ) ) echo json_encode ( [ ' msg ' => '参数错误', ' code ' =>
400 ] );
    $ param             = $_POST;
    $ db                = new \vendor\Db( );
    $ insertArr [ ' user_name ' ] = $ param [ ' userName ' ];
    $ insertArr [ ' email ' ]    = $ param [ ' email ' ];
    $ insertArr [ ' password ' ] = md5( $ param [ ' password ' ] );
    $ insertArr [ ' sex ' ]      = $ param [ ' sex ' ];
    $ insertArr [ ' state ' ]    = $ param [ ' state ' ];
    $ insertArr [ ' r_id ' ]     = $ param [ ' roleId ' ];
    $ insertArr [ ' created_at ' ] = time( );
```

```
$insertArr['updated_at'] = time();
$res            = $db->table('admin')->insert($insertArr);
if (!$res) echo json_encode(['msg' => '添加失败!', 'code' => 400]);
if ($res >= 1) {
    echo json_encode(['msg' => '添加成功!', 'code' => 200]);
} else {
    echo json_encode(['msg' => '添加失败!', 'code' => 400]);
}
exit();
}
```

（3）编辑一个管理员信息（edit_user_modal.php）。

```
<?php
require_once "../../vendor/Db.php";
$db     = new \vendor\Db();
$res     = $db->query("SELECT * FROM 'permit_group' as a LEFT JOIN 'permit'
as b ON a.g_id = b.g_id ORDER BY a.g_id DESC");
$permitArr = \vendor\Db::fetchAll($res);
$u_id = isset($_GET['u_id'])? $_GET['u_id']:die();
$user_info = $db->table("admin")->where(["u_id"=>$u_id])->select("u_id,
user_name,email,sex,state,r_id")->one();
?>
<!-- Modal -->
<html lang="ch">
<head>
    <meta charset="utf-8">
    <meta http-equiv="X-UA-Compatible" content="IE=edge">
    <title>RBAC 后台管理 | 用户编辑</title>
    <meta content="width=device-width, initial-scale=1, maximum-scale=1, user-
scalable=no" name="viewport">
    <link href="https://cdn.bootcss.com/twitter-bootstrap/4.3.1/css/bootstrap.min.css"
rel="stylesheet">
    <!-- 最新版本的 Bootstrap 核心 CSS 文件 -->
    <link rel="stylesheet" href="https://cdn.jsdelivr.net/npm/bootstrap@3.3.7/dist/
css/bootstrap.min.css"
```

```
integrity = " sha384-BVYiiSIFeK1dGmJRAkycuHAHRg32OmUcww7on3RYdg4Va + PmSTsz/
K68vbdEjh4u" crossorigin = "anonymous" >
        <! -- 最新的 Bootstrap 核心 JavaScript 文件 -->
        <script src = "https://cdn.bootcss.com/jquery/3.4.1/jquery.min.js" ></script>
        <script src = "https://cdn.jsdelivr.net/npm/bootstrap@ 3.3.7/dist/js/bootstrap.min.js"

integrity = "sha384-Tc5IQib027qvyjSMfHjOMaLkfuWVxZxUPnCJA7l2mCWNIpG9mGCD8w
            GNIcPD7Txa"
            crossorigin = "anonymous" ></script>
    </head>
    <body>
    <div class = "modal-header" >
        <h4 class = "modal-title" >用户编辑</h4>
    </div>
    <div class = "modal-body" >
        <form method = "post" action = "" id = "updateUserForm" >
            <div class = "form-group" >
                <label for = "userName" >用户名:</label>
                <input type = "hidden" name = "u_id" value = " <?php echo $ user_info
['u_id'];?>">
                <input type = "text" name = "userName" class = "form-control" id = "userName"
                    placeholder = "User Name" value = " <?php echo $ user_info['user_name
'];?>">
            </div>
            <div class = "form-group" >
                <label for = "email" >邮箱地址:</label>
                < input type = "email" name = "email" class = "form-control" id = "email"
placeholder = "Email" value = " <?php echo $user_info['email'];?>">
            </div>
            <div class = "form-group" >
                <label for = "password" >密码:</label>
                < input type = "password" name = "password" class = "form-control" id = "
password"
                    placeholder = "Password" >
            </div>
```

```
        <div class="form-group">
            <label for="state">性别:</label>
            <div class="btn-group">
                <input type="radio" autocomplete="off" name="sex" value="1" <?php
echo $user_info['sex']? 'checked ':'';?>> 男
                <input type="radio" autocomplete="off" name="sex" value="0" <?php
echo !$user_info['sex']? 'checked ':'';?>> 女
            </div>
        </div>
        <div class="form-group">
            <label for="state">状态:</label>
            <div class="btn-group">
                <input type="radio" autocomplete="off" name="state" value="1" <?php
echo $user_info['state']? 'checked ':'';?>> 打开
                <input type="radio" autocomplete="off" name="state" value="0" <?php
echo !$user_info['state']? 'checked ':'';?>> 关闭
            </div>
        </div>
        <div class="form-group">
            <label for="groupId">选择角色:</label>
            <select id="roleId" name="roleId" class="form-control">
                <option value="">请选择角色:</option>
                <?php
                $roleList = $db->table('role')->where()->select("r_id,r_name")->all
();

                foreach ($roleList as $items) {
                    echo "<option value='{$items['r_id']}' ";
                    echo $user_info['r_id'] == $items['r_id']? 'selected ':'';
                    echo ">{$items['r_name']}</option>";
                }
                ?>
            </select>
        </div>
        <span class="btn btn-primary" id="updateUserBtn">提交</span>
    </form>
</div>
<script>
```

248

```
    $ ( function ( ) {
      $ ( "#updateUserBtn" ) .click ( function ( ) {
        let param = $ ( "#updateUserForm" ) .serialize ( ) ;
        param += " &a = updateUser" ;
        $ .post ( '../admin_api.php ' , param , function ( res ) {
          if ( res.code === 200 ) {
            alert ( res.msg ) ;
            $ ( '#addPermitModal ' ) .modal ( ' hide ' ) ;
            window.location.reload ( ) ;
          } else {
            alert ( res.msg ) ;
          }
        } , " JSON" )
      } )
    } )
  </script>
  </body>
  </html>
```

效果页面如图 15.11 所示。

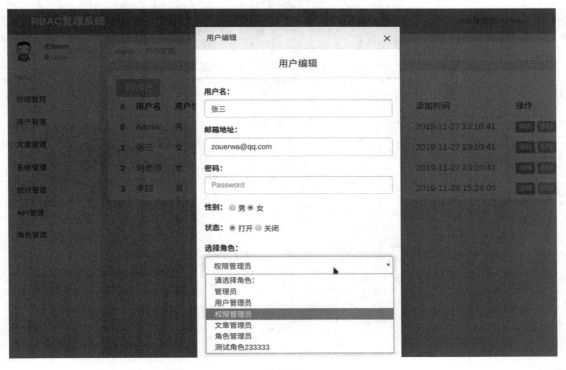

图 15.11

249

（4）完成编辑之后的逻辑处理（admin_api.php）。

```php
/**
 * 更新用户信息
 * @return mixed
 * @author admin
 */
function updateUser()
{
    if (empty($_POST)) echo json_encode(['msg' => '参数错误', 'code' => 400]);
    $param              = $_POST;
    $db                 = new \vendor\Db();
    $updateArr['user_name'] = $param['userName'];
    $updateArr['email']     = $param['email'];
    if (!empty($param['password'])) $updateArr['password'] = md5($param['password']);
    $updateArr['sex']       = $param['sex'];
    $updateArr['state']     = $param['state'];
    $updateArr['r_id']      = $param['roleId'];
    $updateArr['updated_at'] = time();
    $res                = $db->table('admin')->where("u_id", $param['u_id'])->update($updateArr);
    if ($res >= 1) {
        echo json_encode(['msg' => '更新成功！', 'code' => 200]);
    } else {
        echo json_encode(['msg' => '更新失败！', 'code' => 400]);
    }
    exit();
}
```

（5）删除一个管理员，做成一个 GET 请求，用户单击请求即可删除成功。

```php
/**
 * 删除用户
 * @return mixed
 * @author admin
 */
function deleteUser()
{
```

```php
    if (empty($_POST)) echo json_encode(['msg' => '参数错误', 'code' => 400]);
        $param = $_POST;
        $db = new \vendor\Db();
        $res = $db->table('admin')->where(['u_id' => $param['u_id']])->delete();
        if ($res >= 1) {
            echo json_encode(['msg' => '删除成功！', 'code' => 200]);
        } else {
            echo json_encode(['msg' => '删除失败！', 'code' => 400]);
        }
        exit();
    }
```

（6）用户管理列表渲染代码（admin_user.php）。

```php
    <?php
    require_once "../vendor/Db.php";
    require_once "../vendor/auth.php";
    $db     = new \vendor\Db();
    $userList = $db->table("admin")->where('state', 1)->select("u_id,user_name,email,state,sex,r_id,created_at")->all();
    $roleList = $db->table("role")->select("r_id,r_name")->all();
    $roleArr = [];
    foreach ($roleList as $item) {
        $roleArr[$item['r_id']] = $item['r_name'];
    }
    ?>
    <html lang="ch">
    <head>
      <meta charset="utf-8">
      <meta http-equiv="X-UA-Compatible" content="IE=edge">
      <title>RBAC 后台管理 | 用户管理</title>
      <meta content="width=device-width, initial-scale=1, maximum-scale=1, user-scalable=no" name="viewport">
      <link href="https://cdn.bootcss.com/twitter-bootstrap/4.3.1/css/bootstrap.min.css" rel="stylesheet">
      <link rel="stylesheet" href="../asstes/css/app.css">
      <link rel="stylesheet" href="../asstes/css/admin.css">
```

```
    <! -- 最新版本的 Bootstrap 核心 CSS 文件 -->
    <link rel = " stylesheet" href = " https://cdn.jsdelivr.net/npm/bootstrap@ 3.3.7/dist/
css/bootstrap.min.css"

integrity = " sha 384 - BVYiiSIFeK1dGmJRAkycuHAHRg32OmUcww7on3RYdg4Va + PmSTsz/
            K68vbdEjh4u" crossorigin = " anonymous" >
    <! -- 最新的 Bootstrap 核心 JavaScript 文件 -->
    <script src = " https://cdn.bootcss.com/jquery/3.4.1/jquery.min.js" ></script>
    <script src = " ../asstes/layer/layer.js" ></script>
    <script src = " https://cdn.jsdelivr.net/npm/bootstrap@ 3.3.7/dist/js/bootstrap.min.
js"

integrity = " sha384-Tc5IQib027qvyjSMfHjOMaLkfuWVxZxUPnCJA7l2mCWNIpG9mGCD
            8wGNIcPD7Txa"
            crossorigin = " anonymous" ></script>
    </head>
    <body>
    <?php include " wdget/base.php" ?>
    <?php include " wdget/add_user_modal.php" ?>
    <section class = " main-body" >
      <ol class = " breadcrumb" >
        <li><a href = " #" >Home</a></li>
        <li class = " active" >用户管理</li>
      </ol>
      <section class = " content" >
        <button type = " button" class = " btn btn-info" data-toggle = " modal" data-target = "
#addUserModal" >添加用户</button>
        <table class = " table table-hover" >
          <thead>
          <tr>
            <th>#</th>
            <th>用户名</th>
            <th>用户性别</th>
            <th>用户邮箱</th>
            <th>状态</th>
            <th>角色</th>
            <th>添加时间</th>
```

```php
                <th>操作</th>
            </tr>
        </thead>
        <tbody>
        <?php
        foreach（$userList as $key => $item）{
            echo "<tr>
            <th scope='row'>{$key}</th>
            <td>{$item['user_name']}</td>
            <td>";
            echo $item['sex']?'男':'女';
            echo "</td>
            <td>{$item['email']}</td>
            <td>";
            echo $item['state']?'开启':'关闭';
            echo "</td><td>";
            echo isset($roleArr[$item['r_id']])?$roleArr[$item['r_id']]:'';
            echo "</td>
            <td>";
            echo date('Y-m-d H:s:i', $item['created_at']) . "</td>
            <td>
                <span class='btn btn-default btn-xs btn-primary editUser' data-id='{$item['u_id']}' role='button'>编辑</span>
                <span class='btn btn-default btn-xs btn-danger deleteUser' data-id='{$item['u_id']}' role='button'>删除</span>
            </td>
        </tr>";
        }
        ?>
        </tbody>
    </table>
    </section>
</section>
<script>
    $(function(){
        $(".deleteUser").click(function(){
```

```
            $.post（' admin_api.php '，{ ' a '：' deleteUser '，' u_id '：$（this）.attr（' data-
id '）}，function（res）{
            if（res.code = = = 200）{
              alert（res.msg）；
              window.location.reload（）；
            } else {
              alert（res.msg）；
            }
          }，"JSON"）
        }）；
        $（".editUser"）.click（function（）{
          let u_id = $（this）.attr（"data-id"）；
          layer.open（{
            type：2,
            title：'用户编辑'，
            shadeClose：true，
            shade：0.8,
            area：[' 380px '，' 90%']，
            content：' wdget/edit_user_modal.php? u_id = ' + u_id
          }）；
        }）；
      }）；
    </script>
  </body>
</html>
```

效果页面如图 15.12 所示。

15.3.4　权限控制的剖析

RBAC 系统其实很简单,概括来讲就是,将权限赋予角色,给用户指定某个权限来控制用户有某些权限,以此来限制用户的操作行为。比如赋予用户角色管理员的权限,那么他在登录之后就只会有角色管理这一个目录,因为其余的没有权限访问,如图 15.13 所示。

角色管理员李四,只能有角色管理这个页面,若他知道其他路由,比如用户管理是 admin_user.php,他尝试访问这个页面会如图 15.14 所示。

其实用户的确请求到目标地址了,但是系统在后台和他应该有的权限进行了对比,发现他并没有访问当前页面的权限,于是拒绝了他的请求。

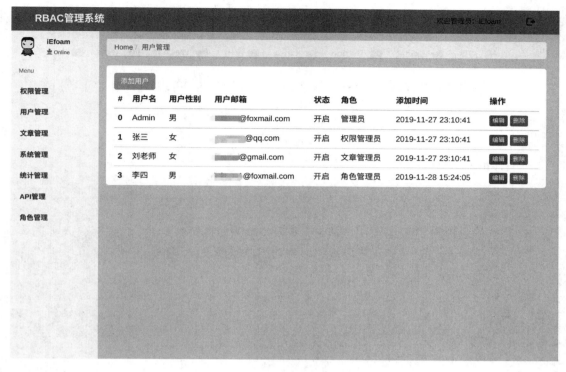

图 15.12

图 15.13

您无权访问当前页面：www.██████.com/app/admin_user.php

图 15.14

判断详情如下（auth.php）：

```php
<?php
/**
 * 权限检测 判断当前用户是否有权限请求当前接口？
 * @return mixed 若无权限就拦截当前用户的请求，否则通过
 * @author iEfoam
 */
session_start();
if (! empty($_POST)){
// 如果是 post 请求的接口
    $action = $_REQUEST['a']? $_REQUEST['a'] : 'Error';
    $permit_info = $_SESSION['web_system']['permit_info'];
    $state = false;
    foreach ($permit_info as $key =>$value){
        if ($value['p_path'] == $action) $state = true;
    }
    if (! $state) {
        echo json_encode(['msg' => sprintf('抱歉！您暂无请求 API('%s')的权限!', $action), 'code' => 400]);
        exit();
    }
} else {
    // 如果是 get 请求的页面
    $urlArr = explode('/',$_SERVER['REQUEST_URI']);
    $url = $urlArr[2];
    if (strstr($url,'admin_api.php') === false) {
        $permitPageArr = $_SESSION['web_system']['web_page'];
        $state = false;
```

```
        foreach（$permitPageArr as $key =>$value）{
            if（$value[' g_path '] == $url）$state = true;
        }
        if（! $state）{
        printf（"您无权访问当前页面:%s%s",$_SERVER[' HTTP_HOST '],$_
SERVER[' REQUEST_URI ']）;
            exit（）;
        }
    }
}
```

　　拿当前请求的 URL 关键词和用户自己能访问的路由做对比,看是不是在自己能访问的路由之中,这就实现了限制访问。

本章小结

　　RBAC 是一套非常实用的权限控制思想,比传统的用户授权即直接给予用户权限要简单,方便很多,更方便开发者的逻辑梳理和开发,减少了对数据库的操作。将权限给某个角色,让用户成为某个角色来继承权限,这样能直接对用户的权限进行控制,不用在每次创建用户的时候都要选择某些权限,显得更简单,也减少了系统的开销。这也是值得我们学习的一种思想:添加一个辅助事物,简化逻辑步骤,提高开发效率。

参考文献

［1］杨佳.基于工程教育专业认证的程序设计语言课程改革［J］.科技风,2019(31):73,107.

［2］毛红粉,陈兰兰,郝珂丽,等.对面向对象程序设计的思考［J］.科技风,2019(29):109-110.

［3］郑宇.数据库设计中软件工程技术的作用［J］.电子技术与软件工程,2019(23):167-168.

［4］王建翠,陈育才.基于 HTML5 技术的移动 Web 前端设计与开发分析［J］.计算机产品与流通,2019(10):25.

［5］麦英健.基于 Web 网站的用户体验量化分析研究［J］.电子测试,2019(20):122-123.

［6］姜照昶,苏宇,丁凯孟.HTML5 新技术的应用设计与实现技巧［J/OL］.计算机技术与发展,2019(12):1-8.

［7］王雨竹.MySQL 入门经典［M］.北京:机械工业出版社,2013.

［8］王志刚.MySQL 高效编程［M］.北京:人民邮电出版社,2012.

［9］潘凯华.PHP 典型模块精解［M］.北京:清华大学出版社,2012.